Sammlung Göschen

Das Tierreich

VI

Die wirbellosen Tiere

Von

Dr. Ludwig Böhmig
Professor der Zoologie an der Universität Graz

Zweiter Band

Krebse, Spinnentiere, Tausendfüßer, Weichtiere, Moostierchen, Armfüßer, Stachelhäuter und Manteltiere

Mit 97 Figuren

Leipzig
G. J. Göschen'sche Verlagshandlung
1911

Druck der Spamerschen Buchdruckerei in Leipzig.

Inhalt.

Literatur.

Siehe Bd. I.

Kreis: Arthropoda, Gliederfüßer.

Die Arthropoden, zu denen die Krebse, Spinnentiere, Onychophoren, Tausendfüßer und Insekten zählen, schließen sich in ihrer Organisation so innig an die Gliederwürmer an, daß beide Gruppen auch als Gliedertiere oder „Articulata“ zusammengefaßt werden.

Die charakteristischen Eigentümlichkeiten der Gliederfüßer liegen in dem Vorhandensein gegliederter, paariger, segmental angeordneter Anhänge, der Gliedmaßen, die ursprünglich der Lokomotion dienen, ferner in der ungleichartigen (heteronomen) Segmentierung des bilateral-symmetrisch gebauten Körpers sowie in der Ausbildung eines festen äußeren Skelettes, das den Muskeln günstige Insertionspunkte bietet.

Es wurde in einem früheren Kapitel (Bd. I, S. 123) darauf hingewiesen, daß bereits bei den Anneliden die Gliederung des Körpers keine ganz gleichmäßige (homonome) ist, und daß es bei manchen derselben, so z. B. bei den Serpuliden, zur Bildung auch äußerlich unterscheidbarer Körperregionen kommt. Diese Regionenbildung tritt jedoch bei den Arthropoden viel markanter hervor, zeigt aber in den einzelnen Gruppen nicht geringe Verschiedenheiten.

Am wenigsten deutlich ist die Segmentierung und Regionenbildung äußerlich bei den wurmartigen Onychophoren ausgeprägt (Fig. 39). Eine scharfe Differenzierung in eine Kopf- und Rumpfpartie zeigen dagegen die Tausendfüßer (Fig. 40); am Aufbau des Kopfes, der eine einheitliche

Bildung darzustellen scheint, beteiligen sich außer dem primären, auf den Kopfteil der Anneliden (Bd. I, S. 123, 124) zurückführbaren Kopfsegmente (Acron) noch eine Anzahl von ursprünglichen Rumpfsegmenten, von Segmenten also, die bei dem Embryo hinter der Mundöffnung (postoral) gelegen sind, und zwar kommen, bei den Chilopoden (s. S. 00) wenigstens, deren 6 in Betracht; die Zahl der Rumpfsegmente unterliegt bei den Tausendfüßern nach den Arten nicht geringen Schwankungen, doch finden wir bei ihnen noch keine Sonderung in eine Brust- und Hinterleibsregion, wie eine solche bei den verwandten Insekten, die sich in der Kopfbildung den Chilopoden anschließen, so klar ausgeprägt ist. Bei diesen gehen in die Bildung der Brustregion stets 3, in die des Hinterleibs 12 Segmente ein.

Die Kopfregion der Krebse besteht unserer Auffassung nach aus dem Acron und 5 (vielleicht auch 6) ursprünglich postoral gelegenen Segmenten; die Zahl der den Rumpf bildenden Metameren ist eine konstante bei den Malacostraca (S. 48), eine recht variable dagegen in der Gruppe der Entomostraca (S. 46); 8 Segmente bilden stets bei den ersteren die Brust, 7 das Abdomen, und es können die einen wie die anderen mit Gliedmaßen versehen sein; der Mangel an Gliedmaßen ist im allgemeinen für das Abdomen der Entomostraken charakteristisch.

Der Körper der Spinnentiere, der Arachnoidea, zerfällt äußerlich zumeist in 2 (Fig. 24), seltener (Skorpione, Fig. 22) in 3 Abschnitte; den vorderen, gliedmaßentragenden bezeichnet man gewöhnlich als Kopfbruststück oder Cephalothorax, den hinteren, gliedmaßenlosen als Abdomen. Eine Verschmelzung des sogenannten Cephalothorax und des Abdomens zu einem einheitlichen Stücke beobachten wir bei den Milben (Fig. 28); auch in der Gruppe der Krebse ist die gänzliche oder teilweise Vereinigung zweier Regionen nicht selten anzutreffen, ein

Beispiel hierfür bietet uns z. B. der gewöhnliche Flußkrebs (**Astacus fluviatilis**), Kopf und Brust gehen hier in die Bildung eines scheinbar einheitlichen Stückes ein (Fig. 9).

Die äußerste Schicht des Körpers wird von einer chitinigen, im allgemeinen festen Cuticula, einem Absonderungsprodukte der unter ihr befindlichen Epithelschichte, auch Hypodermis genannt, gebildet. Die Segmentierung kommt an dem cuticularen Panzer meist dadurch sehr scharf zum Ausdruck, daß die zwischen den einzelnen Segmenten befindlichen Partien zart, biegsam sind und einfaltbare Membranen, Gelenkhäute, darstellen, die eine Verschiebung der Segmente gegeneinander ermöglichen; ähnliches ist natürlich auch an den Extremitäten zu konstatieren, an denen die Gelenke durch eine leicht faltbare Cuticula ausgezeichnet sein müssen. Tritt eine festere Verbindung zwischen benachbarten Metameren ein, was aus mechanischen Gründen vornehmlich am Kopfe und an der Brust häufig zu beobachten ist, so schwinden die Gelenkhäute und die deutlichen Segmentgrenzen; Aufschluß über die Zahl der Segmente, die in die Bildung einer bestimmten Körperpartie eingegangen sind, gibt dann die Zahl der vorhandenen Extremitätenpaare, oder die der Ganglienpaare, zuweilen nur mehr die Entwicklungsgeschichte des betreffenden Tieres.

Ein jedes Segment mit Ausnahme des primären Kopfsegmentes und des Endsegmentes (Telson) kann mit e i n e m Extremitätenpaare versehen sein (Onychophoren, Myriopoden), häufiger sind jedoch diese Anhänge auf eine geringe Anzahl von Metameren beschränkt (Insekten, Spinnen).

Kleine, nur aus 2 Gliedern bestehende Extremitäten besitzen die Onychophoren (Fig. 39), eine reichere Gliederung und schärfere Sonderung vom Körperstamme zeigen mit wenigen Ausnahmen (Tardigraden, Fig. 37) die der übrigen Arthropoden. Im einzelnen bestehen allerdings bedeutende Verschiedenheiten in bezug auf Form und Bau, Verschiedenheiten, die in erster Linie abhängig sind von der Funktion der betreffenden Extremität.

Die dem Kopfe angehörigen Gliedmaßen haben z. T. die Bedeutung von Sinnesorganen (Antennen), z. T. sind sie in Mundwerkzeuge umgewandelt; die des Rumpfes kommen vornehmlich für die Lokomotion in Betracht, doch haben sie bei den Crustaceen auch Beziehung zur Respiration. Bei der Besprechung der einzelnen Gruppen wird näher auf diese Frage eingegangen werden, hier mögen die gemachten Andeutungen genügen.

Einen Hautmuskelschlauch, vergleichbar dem der Anneliden, treffen wir nur bei den Onychophoren an; bei den übrigen Arthropoden unterscheiden wir eine der Segmentierung des Körpers entsprechend gegliederte Körpermuskulatur, die vornehmlich von Längsmuskeln gebildet wird, fernerhin Muskeln, die vom Körperstamme zu den Extremitäten ziehen und diese in ihrer Lage in bezug auf den ersteren verändern und schließlich den Extremitäten allein angehörige. Die Muskeln sämtlicher Arthropoden sind quergestreift, glatte besitzen nur die Onychophoren, die sich auch in dieser Hinsicht an die Anneliden anschließen.

Der Darmkanal gliedert sich in 3 Abschnitte, einen Vorder-, Mittel- und Enddarm, im Mitteldarme findet die Assimilierung der Nahrung statt.

Über dem Darme liegt, eingeschlossen in einen besonderen Abschnitt der Leibeshöhle, den Perikardialsinus, das Herz, das bei den Onychophoren, Myriopoden und manchen Crustaceen den Rumpf in ganzer Länge durchzieht, bei den meisten übrigen Gliederfüßern dagegen bedeutend verkürzt ist oder auch ganz rückgebildet sein kann. Es läßt im ersteren Falle eine segmentale Gliederung erkennen und besteht aus einer größeren oder geringeren Anzahl hintereinander gelegener Kammern, deren jede im allgemeinen ein Paar von

Öffnungen besitzt, die den Eintritt des Blutes in das Herz gestatten.

Das Blutgefäßsystem, welches zuweilen nur durch eine kurze, in den Kopf eintretende Kopfarterie repräsentiert wird, zeigt einen ungemein verschiedenen Grad der Ausbildung, nicht nur nach den verschiedenen Klassen, sondern auch innerhalb dieser; fast ausnahmslos handelt es sich um ein sogenanntes offenes Gefäßsystem, da das Blut mehr weniger große Teile der Leibeshöhle durchströmen muß, welche zwischen die vom Herzen ausgehenden und die zum Herzen resp. zum Perikardialsinus führenden Gefäße eingeschaltet sind, und es besteht mithin keine direkte Verbindung zwischen den ersteren, den Arterien, und den letzteren, den Venen.

Als Respirationsorgane kommen Kiemen und Tracheen in Betracht; durch Kiemen atmen die Krebse, durch Tracheen die Spinnen, Onychophoren, Myriopoden und Insekten; es können jedoch da wie dort besondere Atmungsorgane vollständig in Wegfall kommen, und es wird der Gasaustausch alsdann durch die gesamte Körperoberfläche vermittelt.

Die große, schon mehrfach hervorgehobene Übereinstimmung in der Organisation der Anneliden und Onychophoren dokumentiert sich auch im Baue der zahlreichen, segmental angeordneten, mit einem offenen Trichter in der Leibeshöhle beginnenden Nephridien der letzteren; auf Nephridien dieser Art lassen sich die Exkretionsorgane der Krebse, Antennen- und Schalendrüsen, die Coxaldrüsen der Arachnoideen und die lymphoiden Organe der Myriopoden zurückführen; in den beiden letztgenannten Gruppen spielen allerdings als Ausscheidungsorgane die sogenannten Malpighischen Gefäße eine wesentlich größere Rolle. Diese nach dem berühmten italienischen Anatomen Malpighi benannten Organe haben mit den Nephridien der Anneliden gar nichts zu tun, ihre Entstehung geht vielmehr vom Darme aus.

Am Zentralnervensystem unterscheiden wir gleichwie bei den Anneliden ein über dem Vorderdarme im Kopfe gelegenes Gehirn und eine ventral vom Darme befindliche, dem Rumpfe angehörige Bauchganglienkette, die mit dem Gehirne durch die beiden den Schlund umfassenden Kommissuren verbunden ist und bei den Embryonen aus so vielen Ganglienpaaren besteht, als Segmente vorhanden sind; nur das Endsegment entbehrt eines Ganglienpaares wohl immer.

Im ausgebildeten Tiere verschmelzen sehr häufig ursprünglich getrennte Ganglienpaare miteinander, und es findet eine Konzentration statt, die bei manchen Arten so weit geht, daß sämtliche Rumpfganglien eine gemeinsame Masse bilden.

Das Gehirn zeigt, da Ganglien von Rumpfsegmenten in seinen Aufbau einbezogen werden, einen komplizierteren Bau als das der Gliederwürmer, und es lassen sich an ihm 2 oder 3 Hauptabschnitte, die als Pro-, Deutero- und Tritocerebrum bezeichnet werden, unterscheiden. Zur Charakteristik derselben möge nur hervorgehoben werden, daß das Procerebrum im wesentlichen dem Annelidengehirne entspricht und daß von ihm auch die Augennerven ausgehen. Im Deuterocerebrum wurzeln die Nerven für die Antennulae der Krebse resp. die Antennen der Myriopoden, Insekten und für die Cheliceren (Kieferfühler) der Arachnoideen. Das Tritocerebrum nimmt nur bei den Myriopoden, Insekten und höheren Krebsen direkt teil an der Bildung des Gehirnes, bei den Entomostraken und Arachnoideen ist dagegen das entsprechende Ganglienpaar nicht mit dem Gehirne vereint, sondern liegt noch hinter dem Munde. Von dem Tritocerebrum resp. den homologen Ganglien aus werden innerviert die 2. Antennen der Krebse, die Kiefertaster der Spinnen, die Oberlippenregion der Insekten sowie Myriopoden, und es steht dieses Ganglienpaar wie auch das Deuterocerebrum in Beziehung zu dem Eingeweide- oder sympathischen Nervensystem, das für alle Arthropoden nachgewiesen worden ist.

Von den Sinnesorganen gehören die lichtperzipierenden zu den weitest verbreiteten. Sie treten in zwei Typen auf, als sogenannte Stemmata, Ocellen oder einfache Augen und als zusammengesetzte, Komplex- oder Facettenaugen. Die stets nur in einem Paare vorhandenen Komplexaugen finden wir (neben Stemmata) bei den meisten Crustaceen und Insekten, Stemmata allein bei den übrigen Arthropoden und der Mehrzahl der Insektenlarven. Die Stemmata zeigen in ihrem Baue recht bedeutende Verschiedenheiten, die gemeinsame Bezeichnung soll auch nur den Gegensatz zum Komplexauge zum Ausdrucke bringen, das wahrscheinlich aus der Anhäufung zahlreicher, etwas modifizierter Einzelaugen hervorgegangen ist. Das zusammengesetzte Auge entwirft, wie zuerst J. Müller feststellte, ein aufrechtes Bild, und es wird nicht, wie Gottsche glaubte, von einem jeden einzelnen Teile (Omma) ein umgekehrtes Bildchen erzeugt; im Gegensatz hierzu ergeben die Stemmata umgekehrte und wohl recht undeutliche Bilder.

Die Antennulae, die Antennen sowie gewisse Partien der Mundwerkzeuge sind der Sitz der Organe des chemischen Sinnes (Geschmack, Geruch), sie dienen fernerhin zum Tasten, ebenso sind auch die Extremitäten mit Tastzellen ausgestattet. Statische oder Gleichgewichtsorgane sind bei den Krebsen weit verbreitet, Gehörorgane treffen wir bei den Insekten an. Des genaueren wird hierauf bei den einzelnen Gruppen eingegangen werden.

Mit Ausnahme einiger Krebse, der Cirripedien und der parasitisch lebenden Isopoden, sind die Arthropoden getrenntgeschlechtlich. Die Gonaden, Hoden resp. Ovarien, sind nur in einem Paare vorhanden; ihre Ausführgänge sind mit Ausnahme der den Geschlechtsöffnungen zunächst gelegenen

Abschnitte und der Begattungsapparate wohl auf modifizierte Nephridien zurückzuführen, mit Sicherheit läßt sich dies für die Onychophoren und Myriopoden erweisen.

Die bei allen Gliedertieren vorhandene, mehr weniger geräumige Leibeshöhle ist dem „Cölom" der Anneliden nicht homolog; sie stellt vielmehr einen Raum dar, der vornehmlich auf die Furchungshöhle zurückzuführen ist; Teile des Cöloms sind allerdings infolge der Auflösung der Cölomsäcke mit in die Bildung dieser Leibeshöhle eingegangen. Als wirkliche Reste des Cöloms kommen die Endsäckchen der Nephridien bei den Crustaceen und Onychophoren sowie die Gonadenhöhlen wenigstens bei den letztgenannten und den Myriopoden in Betracht, bez. der übrigen Arthropoden sind noch weitere Untersuchungen notwendig.

Man teilte früher den Kreis oder Stamm (Phylum) der Arthropoden in die beiden Unterstämme: die Branchiaten und die Tracheaten; hierbei sind, wie schon aus den Namen hervorgeht, die Respirationsorgane für die Einteilung maßgebend gewesen; es ist jedoch zu beachten, daß nach dem jetzigen Stande unserer Kenntnisse die Arachnoideen den Branchiaten speziell den Xiphosuren oder Schwertschwänzen näher stehen dürften als den übrigen Tracheaten. Die Myriopoden und Insekten bilden die gut umschriebene Gruppe der Antennaten oder Eutracheaten; Sonderstellungen nehmen die Onychophoren, die von manchen Zoologen direkt zu den Anneliden gestellt werden, die Tardigraden sowie die Pantopoden ein.

Mit Rücksicht hierauf sollen im folgenden 5 Klassen unterschieden werden: die **Crustacea, Palaeostraca, Arachnoidea, Protracheata = Onychophora** und **Eutracheata**; die **Tardigrada** und **Pantopoda** werden als Anhang den **Arachnoidea** angeschlossen werden.

1. Kl.: Crustacea, Krebse.

Wir teilen die Krebse, zur Orientierung sei dies bemerkt, in zwei Hauptgruppen, die **Entomostraca** und **Malacostraca** oder die niederen und höheren Krebse; zu den ersteren gehören die Phyllopoden, Ostracoden, Copepoden und Cirripedien, zu den letzteren die Leptostraken, Anisopoden, Isopoden, Amphipoden, Stomatopoden, Schizopoden und Decapoden.

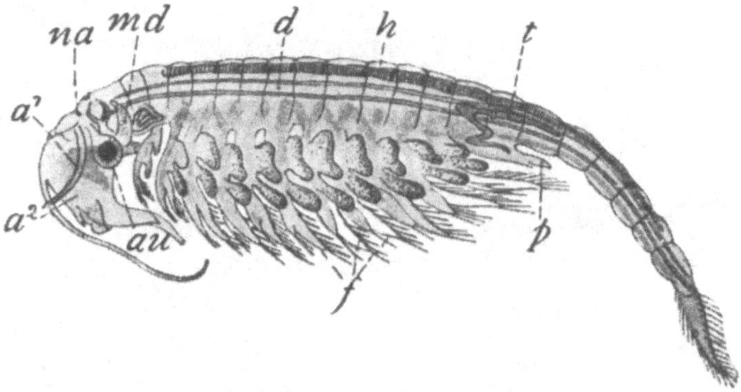

Fig. 1. Branchipus stagnalis, Männchen. Nach Claus. a^1 vordere, a^2 hintere Antenne, au Komplexauge, d Darm, f Füße, h Herz, md Mandibel, na Naupliusauge, p Penis, t Hoden.

Der Körper der Krebse, dessen Länge zwischen einigen wenigen Millimetern und ca. 1,5 m schwankt, zeigt bei vielen Formen, z. B. Branchipus (Fig. 1), Cyclops (Fig. 3), bei vielen Amphipoden und Asseln eine deutliche Gliederung, bei anderen dagegen, den Daphnien, Ostracoden (Fig. 2, 4) usw. ist sie verwischt, und es geben dann, wenn auch nur bis zu einem gewissen Grade, die vorhandenen Extremitätenpaare Aufschluß über die Segmentzahl. Die Zahl der Rumpfsegmente, ich sehe hierbei von jenen 5 (vielleicht 6) Segmenten ab, die in die Bildung des Kopfes eingehen und vollständig miteinander verschmelzen, unterliegt bedeutenden Schwankungen; unter den Entomostraken dürften gewisse Phyllopoden wie z. B. **Apus** mil ca. 40 Segmenten die höchste Ziffer erreichen, ungemein reduziert ist dagegen die Rumpfregion der Ostracoden, bei denen nur 2 Paare von Rumpfgliedmaßen und ein überaus kurzer gliedmaßenloser Abschnitt vorhanden sind. Die Partie des Rumpfes, die der Extremitäten entbehrt, bezeichnet man, wie schon früher bemerkt wurde, als Abdomen,

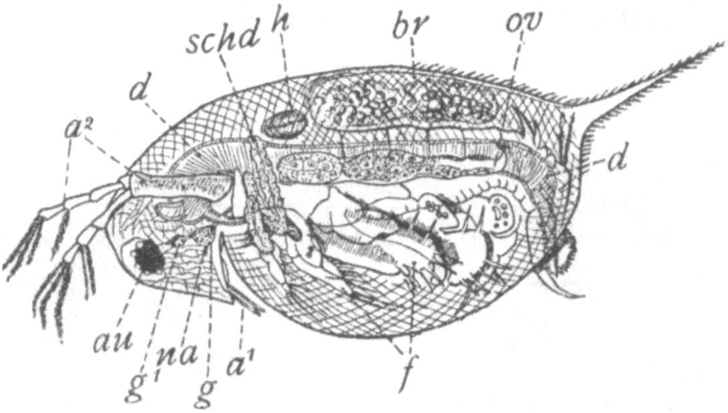

Fig. 2. **Daphnia pulex.** Aus R. Hertwig. a^1 vordere, a^2 hintere Antennen, au Komplexauge, na Naupliusauge, g Gehirn, g^1 Ganglion opticum, f Füße, d Darm, br Brutraum, h Herz, schd Schalendrüse, ov Ovidukt.

die gliemaßentragende als Thorax oder Brust. Im Gegensatz zu den Entomostraken ist die Segmentzahl der Malakostraken eine bestimmte, 8 Segmente gehören stets der Brust, 7 (bei den Leptostraken 8) dem Abdomen an; die Grenze beider Abschnitte ist leicht bestimmbar, obwohl Gliedmaßen an allen Rumpfsegmenten mit Ausnahme des letzten auftreten können, denn es liegen hier die Geschlechtsöffnungen bei den männlichen Individuen konstant am letzten, bei den weiblichen am 6. Brustsegmente. Von den Brustsegmenten tritt mit Ausnahme der Leptostraken bei den höheren Krebsen mindestens eines in Beziehung zum Kopfe und bildet mit diesem einen sogenannten Cephalothorax, es können jedoch auch sämtliche 8 Thorakalsegmente in die Bildung eines solchen eingehen; einem derartigen Verhalten begegnen wir bei den Decapoden (Fig. 9).

In hohem Maße wird der Gesamthabitus der Krebse durch eine Hautfalte oder Hautduplikatur beeinflußt, die von den hinteren dorsalen und seitlichen Partien des Kopfes ausgeht

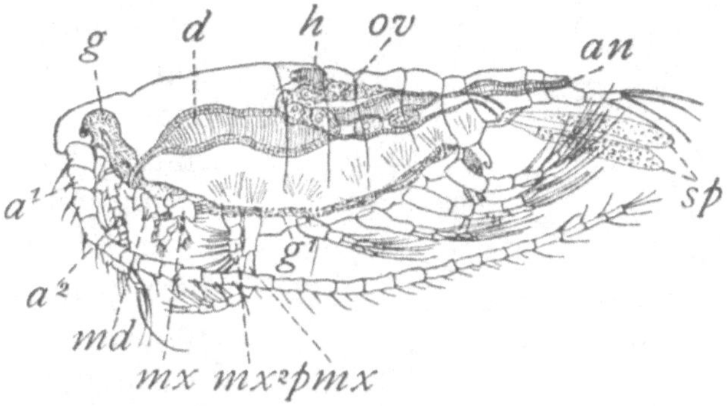

Fig. 3. **Diaptomus castor**, Weibchen. Aus R. Hertwig. a^1 vordere, a^2 hintere Antennen, md Mandibel, mx^1 erste, mx^2 zweite Maxille, pmx Kieferfuß, g Gehirn, g^1 Bauchganglienkette, sp Spermatophoren, an der Geschlechtsöffnung befestigt, an After, ov Ovar, h Herz, d Darm.

und entweder in Form eines Schildes oder einer zweiklappigen Schale den Körper ganz oder teilweise bedeckt; schildförmig ist diese Falte bei Apus, bei Astacus usw., schalenartig bei Nebalia und Daphnia (Fig. 2). Bei Nebalia umgibt sie den Rumpf nur teilweise, vollständig dagegen bei Daphnia; der ganze Körper wird von ihr bei den Ostracoden umschlossen, die infolgedessen in ihrem Aussehen an kleine Muscheln erinnern (Fig. 4) und nicht unpassend den Namen Muschelkrebse führen. Eine sehr bedeutende Festigkeit erreicht die Schale vieler Cirripedien infolge der Einlagerung verschieden angeordneter Kalkplatten (Fig. 6, 7), sie bildet bei diesen sessilen Formen einen festen, schützenden Panzer um das Tier. Zuweilen kommt es zu einer Verschmelzung der schildförmigen Hautduplikatur mit der Rückenfläche der nächstfolgenden oder aller Rumpfssegmente, wobei die seitlichen Partien jedoch frei bleiben; dies ist z. B. der Fall bei den Decapoden, die seitlichen Teile des Schildes bilden hier die äußere Begrenzung der Kiemenhöhle (Fig. 13).

Die Gliedmaßen der Crustaceen lassen sich mit Ausnahme des ersten Paares, der Antennulae, mögen sie beim ausgebildeten Tiere noch so verschiedenartig gestaltet sein, auf ein einfaches Schema zurückführen. Wir unterscheiden an einem typischen Krebsfuße, Spaltfuße, einen zweigliederigen Stammteil, den Protopoditen (Fig. 5, A), welcher 2 Äste trägt; der äußere Ast heißt Exopodit, der innere Endopodit, an der Außenseite des Protopoditen auftretende Anhänge werden Epipoditen genannt, sie stehen zumeist in Beziehung zur Atmung.

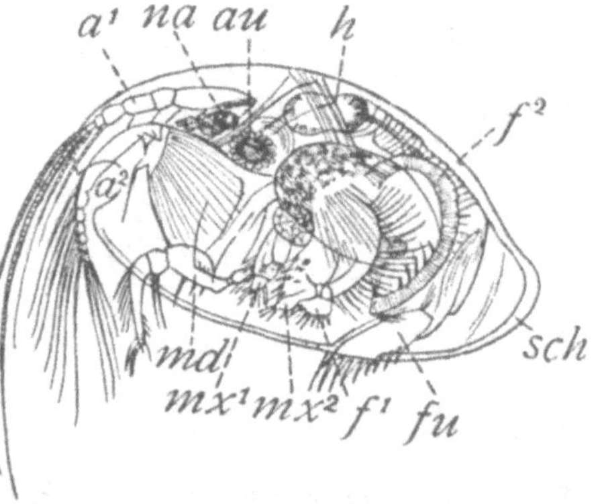

Fig. 4. **Cypridina mediterranea**, Weibchen. Nach Claus. a¹ vordere, a² hintere Antenne, md Mandibel, mx¹ erste, mx² zweite Maxille, f¹, f² Thorakalfüße, fu Abdomen (Furca), na Naupliusauge, au Komplexauge, h Herz, sch Schale.

Von den 5 Extremitätenpaaren des Kopfes wurde des ersten Paares, der Antennulae, eben gedacht; das 2. Paar bilden die Antennen, das 3., 4. und 5. Paar, die Mandibeln, die vorderen und hinteren Maxillen, sind zu Mundwerkzeugen umgestaltet. Die Antennulae oder vorderen Antennen bestehen gewöhnlich aus einer größeren oder geringeren Anzahl einreihig angeordneter Glieder (Fig. 3, 11, 17), selten trägt ein kurzer Stammteil 2 oder 3 geißelartige Anhänge (Astacus); wenig entwickelt oder verkümmert sehen wir sie bei den Phyllopoden, den parasitischen Copepoden und den Cirripedien (Fig. 7). Ihrer Funktion nach sind sie vornehmlich Sinnesorgane, darauf deuten die zahlreichen Sinneshaare, Riechfäden, mit denen sie besetzt sind, hin, doch dienen sie auch bei den Ostracoden und Copepoden zum Kriechen und Schwimmen; die Männchen der letzteren bedienen sich ihrer fernerhin zum Ergreifen und Festhalten der Weibchen und manche Cirripedien heften sich mittels des Sekretes der Zementdrüsen, die am vorletzten Gliede der Antennulae nach außen münden, an der Unterlage fest (Fig. 7). Die (hinteren) Antennen zeigen ebenfalls bedeutende Unterschiede in bezug auf Ausbildung und Funktion, und zwar nicht nur in den verschiedenen Gruppen, sondern auch bei nahe verwandten Formen. Den Spaltfußcharakter bewahren sie bei vielen Entomostraken (Fig. 2), aber auch bei den Malakostraken sind nicht selten Exopodit und Endopodit erhalten, wobei der erstere allerdings zumeist auf einen schuppenartigen Anhang reduziert ist (Fig. 8, 9 sq); verkümmert oder vollständig verschwunden sind sie bei manchen Phyllopoden (Apus) und den Cirripedien. Als Sinnesorgane funktionieren sie im allgemeinen bei den Malakostraken; den Namen „Ruderantennen" führen sie in sehr bezeichnender

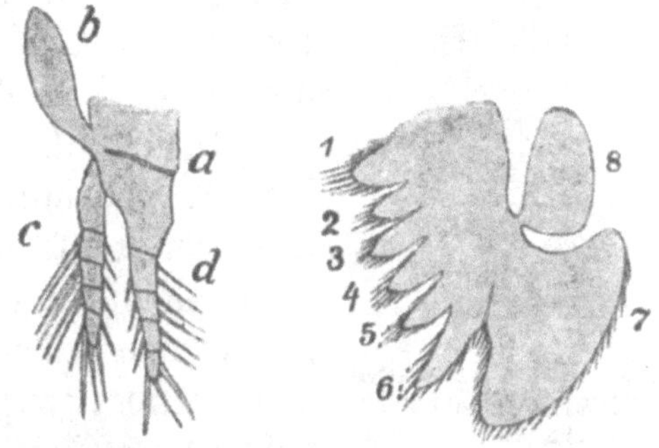

5 A. 5 B.

Fig. 5 A. Schema eines Spaltfußes. a Protopodit, b Epipodit, c Exopodit, d Endopodit.
Fig. 5 B. Schema eines Fußes von Apus. 1—6 Enditen, 7 Exopodit, 8 Kiemensäckchen.

Weise bei den Cladoceren (Fig. 2), die Bedeutung von Schwimmfüßen haben sie auch bei manchen Muschelkrebsen. In Haftorgane umgestaltet sehen wir sie bei vielen parasitisch lebenden Copepoden, und die Männchen von Branchipus (Fig. 1) fangen mit ihnen die Weibchen.

Die Mandibeln und Maxillen stellen vornehmlich oder sogar ausschließlich Kauwerkzeuge dar und sind dementsprechend mit Kauladen ausgestattet, die dem Protopoditen angehören. Exopodit und Endopodit können beide erhalten bleiben, häufiger aber kommt der erstere besonders an den Mandibeln in Wegfall, der Endopodit bildet dann den sogenannten Taster. Die hinteren Maxillen fehlen den Cladoceren und einem Teile der Cirripedien im ausgebildeten Zustande; bei manchen Ostracoden haben sie noch die Bedeutung von Kauwerkzeugen, bei anderen dagegen stehen sie ausschließlich im Dienste der Lokomotion, sie sind alsdann beinförmig gestaltet, und es ist sogar zweifelhaft, ob sie wirklich den 2. Maxillen der übrigen Krebse entsprechen und nicht vielmehr auf das erste Brustfußpaar zu beziehen sind. Bedeutende Modifikationen zeigen natürlich alle diese Teile bei den parasitisch lebenden Formen; die Mandibeln sind im allgemeinen in stilettförmige Stechborsten umgewandelt, die in einer von der Ober- und Unterlippe gebildeten Saugröhre liegen, die vorderen Maxillen sind zumeist verkümmert, während die hinteren zu Haftorganen werden. Die Rumpfgliedmaßen sind in erster Linie Lokomotionsorgane, sie sind fernerhin ziemlich allgemein von Bedeutung für die Atmung, sie haben aber nicht selten auch noch anderweitige Funktionen. Den typischen Spaltfußcharakter zeigen sie bei den Copepoden

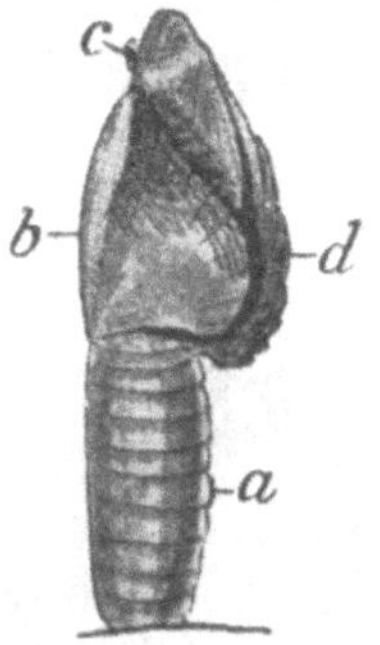

Fig. 6. Lepas anatifera, nach Darwin. Aus Lang. a Stiel (Kopf), b, c, d Schalenstücke, b Scutum, c Tergum, d Carina.

(Fig. 3, 19) und den meisten Cirripedien (Fig. 7), die Funktion ist jedoch eine ganz verschiedene; den ersteren dienen sie zum Rudern, die sessilen Lepadiden und Balaniden unter den Cirripedien verwenden sie dagegen zum Herbeistrudeln der Nahrung, sie sind dementsprechend lang und schlank, rankenartig und haben ihren Besitzern den Namen „Rankenfüßer" eingetragen. Bei Besprechung der Kopfgliedmaßen der Muschelkrebse wurde darauf hingewiesen, daß dieselben auch als Lokomotionsorgane eine nicht unbedeutende Rolle spielen, dies ist von Wichtigkeit, wenn wir bedenken, daß nur 2 Paare von Brustgliedmaßen vorhanden sind, von denen das eine Paar überdies meist in Putzfüße umgewandelt ist (Fig. 4), die zum Reinigen der Innenfläche der Schale und der Körperanhänge dienen.

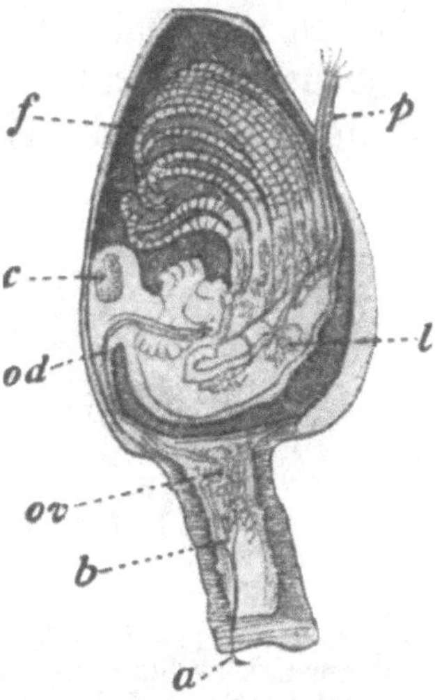

Fig. 7. Lepas. Schale eröffnet, nach Claus. Aus Lang. a vordere Antenne, b Zementdrüse, c Schalenmuskel, f Rankenfüße, od Ovidukt, ov Ovarium, p Penis, t Hoden.

Die blattförmigen Extremitäten der Branchiopoden (Fig. 5 B) weichen in ihrer Form von typischen Spaltfüßen nicht unbedeutend ab. Der Innenseite des nicht oder undeutlich gegliederten Stammteils sind mehrere, meist 6, lappenartige Anhänge (Enditen) angefügt, 2 der Außenseite; von diesen letzteren wird der distale als Exopodit gedeutet, er dient hauptsächlich zum Schwimmen, der dünnwandige proximale, dem Rumpfe näher gelegene, das Kiemensäckchen (Epipodit?) vermittelt die Atmung; bei den Cladoceren ist die Zahl der Anhänge gewöhnlich reduziert; die am meisten proximal gelegenen inneren Enditen zeichnen sich besonders am 2., 3. und 4. Beinpaare durch bedeutende Größe und reichen Borstenbesatz aus, sie erhalten das Wasser innerhalb des Schalenraumes in kontinuierlicher Strömung und sind hierdurch von nicht geringer Wichtigkeit für die Atmung und Zuführung von Nährmaterial.

Den Brustfüßen der Malakostraken fehlen mit Ausnahme der Leptostraken und Schizopoden im allgemeinen die Exopoditen, während die Epipoditen häufig erhalten und zu Kiemen umgestaltet sind. Das erste oder die ersten Thorakalfußpaare kommen hier für die Lokomotion gewöhnlich nicht in Betracht, sondern nehmen Anteil an der Nahrungszufuhr

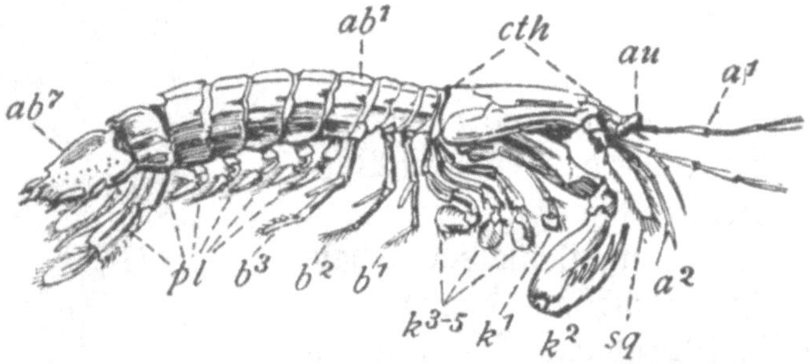

Fig. 8. **Squilla mantis.** Aus Claus-Grobben. a^1 vordere, a^2 hintere Antennen, k^{1-5} Mundfüße, b^{1-3}, 6—8. Thorakalfußpaar, pl Pleopoden, cth Cephalothorax, ab^{1-7} Abdominalsegmente, au Auge, sq Exopodit von a^2.

zum Munde, sie rücken näher an denselben heran und werden zu sogenannten Kieferfüßen. Hand in Hand mit diesem Wechsel in der Funktion gehen auch Abänderungen im Baue, es kommt zur Ausbildung von Kauladen. Bei den Stomatopoden sind die 5 vorderen, mit kräftigen, einschlagbaren Klauen (Greifhänden) versehenen Brustfußpaare dem Munde sehr genähert und werden daher als Mundfüße bezeichnet; besonders mächtig entwickelt ist das zweite Paar, das vornehmlich zum Erfassen und Zerreißen der Beute verwendet wird (Fig. 8). — Die übrigen nicht in Kiefer- oder Mundfüße umgewandelten Thorakalbeine dienen in erster Linie der Lokomotion, sei es zum Gehen (Decapoden, Stomatopoden, Isopoden und Anisopoden), zum Kriechen und Springen (Amphipoden), oder zum Schwimmen (Schizopoden). Auch sie sind nicht selten mit Scheren (Decapoden, Anisopoden) oder Greifhänden (Amphipoden, Fig. 10, Isopoden) ausgestattet und finden dann als Angriffs- und Verteidigungswaffen sowie als Klammerorgane, z. B. bei den Lämodipoden, Verwendung.

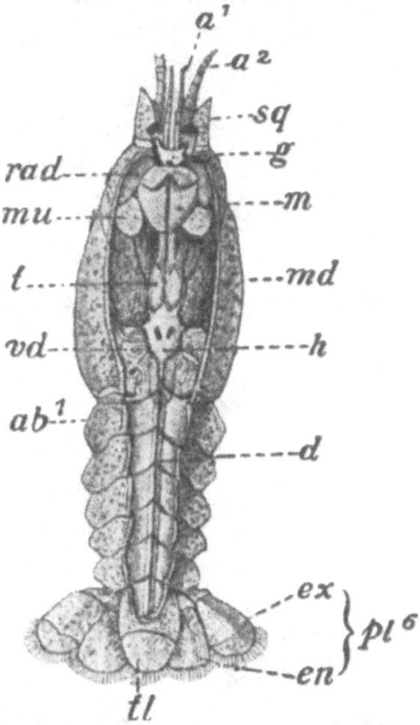

Fig. 9. **Astacus fluviatilis**, von der Rückenfläche eröffnet. Aus R. Hertwig. a¹ vordere, a² hintere Antennen, sq Schuppe (Exopodit) der hinteren Antenne, g Gehirn, vor demselben die Augen, m Magen, md Mitteldarmdrüse, h Herz, d Darm, auf demselben die Aorta abdominalis, ab¹ erstes Abdominalsegment, vd Vas deferens, t Hoden, mu Muskeln, rad Reservoir der Antennendrüse, tl Telson, pl⁶ sechstes Abdominalbeinpaar (ex Exopodit, en Endopodit).

Für die Respiration sind die Thorakalfüße bei vielen Malakostraken insofern von Bedeutung, als sie die Träger von Kiemen- resp. Epipodialanhängen sind; ausschließlich diesem Zwecke dienen sie bei den Leptostraken, bei denen die vier ersten Abdominalbeinpaare oder Pleopoden zu Bewegungsorganen, Schwimmfüßen, geworden sind.

Das letzte der 6 Pleopodenpaare ist häufig besonders stark entwickelt und bildet mit dem gliedmaßlosen Telson bei manchen Isopoden, den Stomatopoden, Schizopoden und einem Teile der Decapoden (Fig. 9) eine außerordentlich kräftige, zum Rudern geeignete Schwanzflosse. Die übrigen Abdominalbeine zeigen eine sehr variable Ausbildung; die Stomatopoden, manche Schizopoden und die Amphipoden (Fig. 10) bedienen sich ihrer zum Schwimmen, bei den letzteren sind allerdings die letzten 3 Paare zuweilen (Gammarus) in Springbeine umgewandelt. Zu Respirationsorganen sind sie bei den Isopoden geworden, und besondere Kiemenanhänge tragen die Pleopoden der Maulfüßer. Die Weibchen der langschwänzigen Decapoden benutzen sie als Eierträger; in Kopulationsorgane umgeformt ist das erste, zuweilen auch noch das zweite Pleopodenpaar bei den Männchen dieser zehnfüßigen Krebse.

Das aus platten, kubischen oder zylindrischen Zellen bestehende Körperepithel ist die Matrix der chitinigen Cuticula, die bei vielen Krebsen eine bedeutende Dicke und Festigkeit erreicht, bei anderen, hauptsächlich kleineren Formen, bei denen die gesamte Körperoberfläche respiratorische Bedeutung besitzt, dünn und zart ist. Der mächtige, von kohlen- und phosphorsaurem Kalk imprägnierte Panzer des Flußkrebses und der verwandten Formen läßt 4 Schichten unterscheiden, von denen die drei inneren aus feinen Lamellen bestehen und von Porenkanälchen durchsetzt sind, während die äußerste strukturlos erscheint und nur an jenen Stellen durchbohrt ist, an denen sich Haare finden. Die Hauptmasse der Kalksalze ist in die dritte Schichte, von außen gerechnet, eingelagert, die zweite enthält Pigmente. Die Krebse, vornehmlich die marinen, sind nicht selten prachtvoll gefärbt, der Sitz des die Farbe bedingenden Pigments ist zuweilen die Cuticula, dann aber auch das Epithel selbst und das unter diesem gelegene Bindegewebe; für einige Isopoden, Schizopoden und Decapoden ist eine Anpassung der Färbung an den Untergrund und ein Farbenwechsel unter dem Einflusse des Lichtes nachgewiesen worden; geblendete Tier behalten die Färbung bei,

Fig. 10. Gammarus pulex, nach G. O. Sars. Aus Claus.

die sie zur Zeit der Blendung besaßen. Nicht auf Pigmente sondern auf Interferenzerscheinungen, die durch feine Spalten und Risse in der Cuticula hervorgerufen werden, sind dagegen die prächtigen metallischen Farben der Sapphirina-Männchen zurückzuführen.

Die Außenfläche der Cuticula zeigt mancherlei Skulpturen, sie trägt sehr verschiedenartig gestaltete haar- und borstenartige Anhänge, die z. T. mit Sinneszellen in Verbindung stehen; besonders sei auch auf die ungemein großen, gefiederten Borsten gewisser pelagisch lebender Copepoden (Calocalanus pavo, Fig. 11) hingewiesen, die den Tieren das Flottieren im Wasser außerordentlich erleichtern.

Fig. 11. Calocalanus pavo.

Hautdrüsen sind bei den Krebsen an den verschiedensten Körperstellen, am Rumpfe sowohl als auch an den Extremitäten, anzutreffen; über ihre Funktion sind wir noch vielfach im unklaren, doch stehen manche derselben, z. B. die an der Basis der Thorakalfüße von Nebalia und Mysis gelegenen, in Beziehung zur Exkretion, insofern sie verfüttertes oder eingespritztes Karmin ausscheiden; andere, so die Drüsen in den Greifhänden der Caprelliden und Phronimider, sind als Giftdrüsen zu deuten; die Tanaiden verwenden das Sekret von Hautdrüsen zum Bau von Wohnröhren, zum Befestigen der Eier an die Pleopoden dient es vielen Decapoden. Das Leuchtvermögen gewisser mariner Copepoden aus den Familien der Centropagiden und Oncäiden ist auf das Sekret solcher Drüsen zurückzuführen, anderen Vertretern dieser

Gruppe liefert es dagegen eine schützende Hülle gegen Austrocknung.

Von dem cuticularen Panzer oder Exoskelette, das als schützende Hülle den Körper umgibt, springen pfeiler- und plattenförmige Fortsätze besonders auf der Ventralseite nach innen vor und bilden das oft recht komplizierte Endoskelett, das den Muskeln Insertionspunkte liefert, bei manchen Formen aber auch eine Art Kanal bildet, in den die Bauchganglienkette eingeschlossen ist.

Von Zeit zu Zeit häuten sich die Krebse, sie streifen die ihnen zu eng gewordene alte Hülle ab und scheiden eine neue aus, die anfänglich infolge des Mangels an Kalksalzen weich ist und erst nach und nach, bei großen Formen im Verlaufe von mehreren Tagen (8—10, Astacus) die volle Härte erlangt, es wird während dieser Zeit die anorganische Substanz in sie abgelagert. Diese stammt zum großen Teile aus dem alten Panzer, der einige Zeit vor der Häutung an Dicke abnimmt und kalkärmer wird; die Kalksalze werden resorbiert und dann aus dem Blute wiederum ausgeschieden; bei manchen Formen, so z. B. dem Flußkrebse, kommen als Quelle für die Kalksubstanzen auch die sogenannten Krebssteine, aber erst in zweiter Linie (S. 28), in Betracht. Die Stelle an der die Zerreißung des alten Panzers statthat, liegt bei den langschwänzigen Decapoden auf der Rückenfläche an der Grenze von Cephalothorax und Abdomen, und weiterhin dürfte auch noch ein Riß an den Scheren eintreten; bei den Krabben findet die Zerreißung an den Seitenteilen des Kopfbruststückes statt, bei den Daphnien platzt die Cuticula in der Rückenmitte und an der Grenze von Kopf und Rumpf.

Die Muskulatur besteht vornehmlich aus Längsmuskeln, die in 4 Zügen, 2 dorsalen und 2 ventralen, angeordnet sind, außerdem sind schräg dorso-ventral verlaufende Muskelgruppen vorhanden, die in Beziehung zu den Gliedmaßen treten. Bei Formen, deren Körper annähernd homonom segmentiert ist, zeigt auch die Längsmuskulatur eine entsprechende Gliederung, einen Zerfall in Muskelgruppen, die von Segment zu Segment ziehen, im einzelnen aber in etwas verschiedener Form angeordnet sein werden; liegen dagegen Formen vor, bei denen die Segmente streckenweise fest miteinander verbunden sind und ein schönes Beispiel hierfür bietet uns der Flußkrebs mit seinem ungegliederten Cephalothorax und deutlich segmentierten Abdomen (Fig. 9), so wird der Zerfall der Längsmuskeln in den nicht segmentierten Partieen, im Cephalothorax, vollständig überflüssig; die Muskeln bilden in diesem mächtige Züge, von denen im segmentierten Teile (Abdomen) Bündel zu den einzelnen Metameren abgegeben werden. Zwei aufeinander folgende Segmente sind nun, abgesehen von den zarten einfaltbaren Gelenkhäuten, durch 2 Scharniergelenke, die an den Seiten des Körpers liegen, miteinander verbunden, und es fällt die gemeinsame Achse beider Gelenke, um die die Drehung erfolgt, mit der Transversalachse des Tieres zusammen; kontrahieren sich die ventralen Muskeln, so wird eine Einkrümmung des Körpers, der im Ruhezustand eine nahezu horizontale Lage hat, in ventraler, bei Kontraktion der dorsalen in dorsaler Richtung erfolgen (Fig. 12) müssen. Die Einbiegungsfähigkeit gegen die ventrale Fläche ist bei den Krebsen wohl allgemein viel ausgiebiger als gegen die

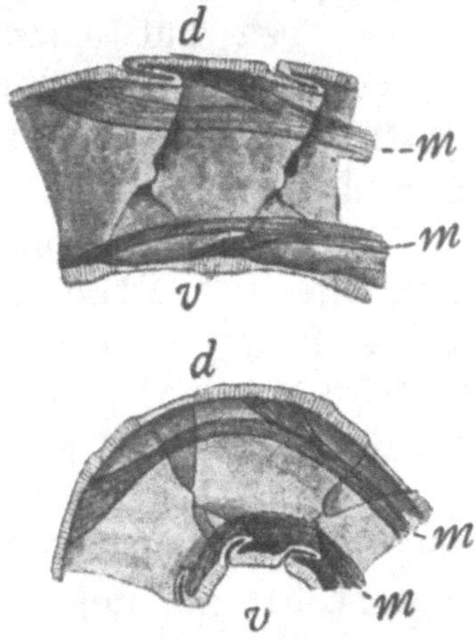

Fig. 12. Abdominalsegmente des Flußkrebses von der Innenseite, um die Segmentverbindungen, Gelenke und Muskeln in fast gestrecktem und ventral gebogenem Zustande zu zeigen. Nach Lang. d Rückenfläche, v Bauchfläche, m Muskeln.

dorsale; es hängt dies damit zusammen, daß die Gelenkhäute der Rückenfläche größer sind als die der Bauchseite, und daß weiterhin die Segmente auf der ersteren sich fast dachziegelartig decken; in den meisten Fällen ist überhaupt nur eine Geradstreckung des ventralwärts eingekrümmten Körpers möglich und ebenso sind Biegungen in seitlicher Richtung nicht oder nur in geringem Maße durchführbar.

Bei den mit einer zweiklappigen Schale versehenen Ostracoden, gewissen Phyllopoden und Cirripedien (Fig. 7) ist ein besonderer Muskel, der die Schale zu schließen vermag, entwickelt.

Der von den Mundwerkzeugen umstellte, vorn von einer Hautfalte, der Oberlippe, begrenzte, resp. etwas bedeckte Mund ist stets an der ventralen Seite des Kopfes gelegen. Er führt in den Vorderdarm, der bei den Entomostraken meist ein einfaches, etwas nach rückwärts gebogenes Rohr darstellt und nur bei den Ostracoden in seinem hinteren Abschnitte eine Art Kaumagen bildet. Ein solcher ist dagegen in der Gruppe der Malakostraken im allgemeinen wohl entwickelt, und wir können bei diesen einen röhrenförmigen Oesophagus und einen sackförmigen, mit chitinigen Platten und Zähnen ausgestatteten Kaumagen unterscheiden. Bei manchen Decapoden (Astacus) finden sich in taschenartigen Einsenkungen der vorderen und seitlichen Magenpartien zu gewissen Zeiten Kalkablagerungen vor, die unter den Namen „Krebssteine", „Krebsaugen" bekannt sind und vom Magenepithel abgeschieden werden; bei der Häutung wird auch die den Magen auskleidende Cuticula abgestoßen, die Krebssteine können nunmehr in das Magenlumen gelangen, werden aufgelöst und mit zur Härtung des Panzers verwendet.

Auffallend ist die geringe Entwicklung des Kaumagens bei den räuberischen Stomatopoden; ein Ersatz für die hier fehlende stärkere Chitinauskleidung wird dadurch geschaffen, daß von jeder Mandibel ein mit Zähnen versehener Fortsatz ausgeht, der in den Magen ragt und die Zerkleinerung der Nahrung besorgt, soweit dies nicht seitens der Mundwerkzeuge geschieht. Die Rolle eines Saugapparates spielt der Vorderdarm bei den parasitisch lebenden Formen.

Der vom Vorderdarme bald mehr, bald weniger scharf abgegrenzte Mitteldarm durchzieht bei den meisten Krebsen als ein gerades Rohr den Körper bis in die Nähe des Afters; ungemein stark verkürzt ist er jedoch bei den Decapoden mit Ausnahme der Einsiedlerkrebse und bei gewissen Isopoden (Bopyriden, Entoniscus). Die Länge des Enddarms steht im umgekehrten Verhältnisse zu der des Mitteldarms, er ist demgemäß bei den Decapoden sehr lang und beginnt bereits im Cephalothorax. Vielen parasitisch lebenden Isopoden fehlt ein Enddarm (und After), bei anderen ist ein solcher zwar vorhanden, aber ohne Zusammenhang mit dem Mitteldarme. In Verbindung mit dem Mitteldarme steht eine Anzahl einfach röhrenförmiger oder verästelter Divertikel, die gewöhnlich als Leberschläuche bezeichnet werden. Ein Paar solcher Leberschläuche besitzen die meisten Entomostraken, größere Verschiedenheiten bieten die Malakostraken. Bei den Decapoden (Fig. 9, 13) erreicht die sogenannte Leber, richtiger das Hepatopankreas, eine sehr bedeutende Entwicklung; die Zellen bilden nicht nur Zellulose lösende und Eiweiß verdauende Fermente, sie spielen auch bei der Resorption der gelösten Nährstoffe eine wichtige Rolle; der wie erwähnt sehr kurze Mitteldarm kommt, wie es scheint, vornehmlich nur für die Aufnahme von Fett in Betracht. Hervorgehoben sei auch der Reichtum der Mitteldarmdrüse an Glykogen zur Zeit der Häutung, dasselbe ist von Bedeutung bei der Bildung des Chitinpanzers.

1—4 Paare schlauchförmiger Drüsen, welche sich bis in das Abdomen erstrecken, münden bei den Leptostraken, Amphipoden, Asseln und Schizopoden an der Grenze von

Vorder- und Mitteldarm in den letzteren; sie entsprechen vollständig dem Hepatopankreas der Decapoden; von besonderer Wichtigkeit sind sie für die Resorption der Nahrung bei jenen parasitischen Isopoden, bei denen der Mitteldarm verkümmert ist (Bopyriden).

Manche Amphipoden (z. B. Gammarus) besitzen außer den genannten noch ein Paar schlauchförmiger Divertikel, die sich in der Nähe des Enddarms in den Mitteldarm öffnen; dieselben sind wahrscheinlich als Exkretionsorgane zu deuten und lassen sich vielleicht den Malpighischen Gefäßen der Arachnoideen, nicht aber denen der Myriopoden und Insekten an die Seite stellen. Die gelösten und resorbierten Substanzen werden durch die Hämolymphe, die sowohl in den Blutgefäßen als auch in der Leibeshöhle kreist, da eine offene Verbindung zwischen diesen Räumen besteht, den Organen zugeführt.

Die Zirkulation wird zumeist durch die rhythmischen Kontraktionen eines Herzens unterhalten, das jedoch den Cirripedien, vielen Copepoden und einigen Ostracoden fehlt. Ein sehr langgestrecktes Herz, das den größten Teil des Rumpfes durchzieht, besitzen die Branchiopoden (Fig. 11) und Leptostraken, nicht unbedeutend verkürzt ist es bei den Asseln und Amphipoden, die weitgehendste Reduktion jedoch finden wir unter den Malacostraken bei den Decapoden und bei den Entomostraken mit Ausnahme der oben erwähnten Branchiopoden. Bei jenen Formen, bei denen das Herz verkürzt ist, liegt es im allgemeinen in jener Rumpfpartie, an welcher sich die Respirationsorgane vorfinden; es gehört demnach bei den Asseln vornehmlich dem Abdomen, der Brustregion bei den Amphipoden und Decapoden an.

Eine größere oder geringere Zahl seitlich gelegener und paarweise angeordneter Öffnungen (Ostien) gestattet der Blutflüssigkeit den Eintritt in das Herz, ein Zurückfließen verhindern entsprechend angebrachte Klappen. Die Zahl der aus dem Herzen entspringenden Gefäße ist eine sehr variable, als Beispiele für eine sehr einfache und eine recht komplizierte Ausbildung mögen uns eine Daphnide und der Flußkrebs dienen.

Bei Daphnia fehlen eigentliche Blutgefäße (Fig. 2); das Blut (die Hämolymphe) wird infolge der Herzkontraktionen durch eine am vorderen Ende des Herzens befindliche Öffnung in den Kopf getrieben und teilt sich hier in mehrere Ströme, die sich schließlich an der Basis der Ruderantennen wieder vereinigen; ein Teil des Blutes tritt nun in die Schale ein und durchströmt diese, ein anderer Teil fließt an der Ventralseite des Darmes, zugleich auch die Beine mit Blut versorgend, nach rückwärts, wendet sich in der Nähe des Hinterendes der Dorsalseite zu und strömt nun oberhalb des Darmes zum Herzen, in dieses durch zwei seitliche Ostien eintretend; das in der Schale befindliche Blut sammelt sich ebenfalls auf der Rückenfläche und kehrt zum Herzen zurück. Die dünne Wandung der Extremitäten, besonders der Kiemenanhänge, und der Schale gestattet die Aufnahme von Sauerstoff aus dem Wasser und die Abgabe von Kohlensäure, das Blut wird arteriell.

Im Gegensatz zu Daphnia besitzt der Flußkrebs (Fig. 9) ein recht kompliziertes Gefäßsystem. Von der Vorderfläche des gedrungenen, im Umriß unregelmäßig sechseckigen Herzens, das mit 3 Ostienpaaren, einem dorsalen, einem lateralen (Fig. 13) und einem ventralen ausgestattet ist, entspringen 5 Gefäße: die unpaare Kopfarterie, die das Gehirn und die Augen mit Blut versorgt, sowie die paarigen Antennen- und Leberarterien, von denen die ersteren außer zu den Antennen auch Äste an den Magen und die grünen Drüsen abgeben. Von der hinteren Herzfläche geht die oberhalb des Darmes bis an das Körperende verlaufende Hinterleibsarterie aus, die Zweige an die Muskulatur, den Darm usw. entsendet. Dem Bauchmark, den Mundwerkzeugen sowie Brust- und Abdominalbeinen wird das Blut durch die ventral von der Bauchganglienkette gelegene Subneuralarterie (Fig. 13) zugeführt, die mit dem Herzen durch die Sternalarterie (Fig. 13) verbunden ist. Die Verästelungen dieser Gefäße öffnen sich in große Lacunen, aus denen das Blut zu den Kiemen und von hier zu dem Perikardialsinus strömt.

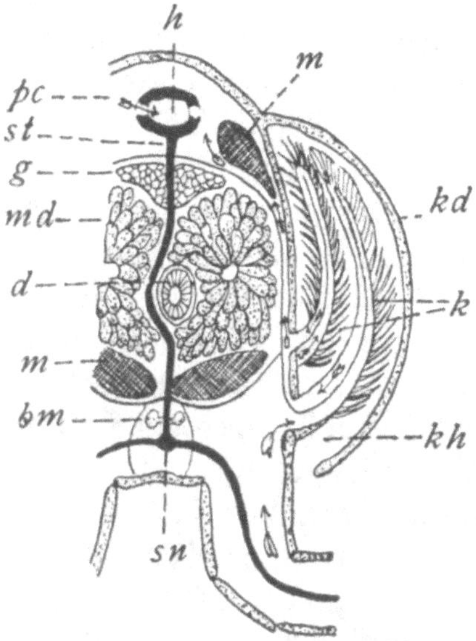

Fig. 13. Querschnitt durch den Cephalothorax des Flußkrebses in der Herzgegend, nach Huxley. Aus Lang. k Kiemen, kd Kiemendeckel, kh Kiemenhöhle, h Herz, sn Subneuralgefäß, bm Bauchmark, m Muskeln, d Darm, md Mitteldarmdrüse, g Gonade, pc Perikard, st Sternalarterie. Die Pfeile zeigen die Richtung des Blutstromes an.

Die Respirationsorgane des Flußkrebses wie die der Decapoden überhaupt liegen in einem als Kiemenhöhle bezeichneten Raume, der nach außen vom Kopfbrustschilde (Fig. 13), nach innen von der Thoraxwand begrenzt wird; ein an der hinteren, unteren und vorderen Fläche befindlicher Spalt ermöglicht den Zu- resp. Abfluß des Wassers. Die Zahl der Kiemen beträgt jederseits 18, von diesen sind 6 (die Podobranchien) an den Basalgliedern der Brust- resp. Kieferfüße, 11 (die Arthrobranchien) an den Gelenkhäuten, die sich zwischen Rumpf und Gliedmaßen ausspannen, befestigt, eine (Pleurobranchie) sitzt dem Rumpfe direkt an. Für die notwendige Erneuerung des Wassers wird bei dem ruhenden, nicht in Bewegung begriffenen Krebse dadurch gesorgt, daß ein dem Exo- und Epipodit entsprechender Anhang an der 2. Maxille, das Scaphognathit, das Wasser aus dem vorderen Teile der

Kiemenhöhle sozusagen ausschaufelt und so für ein fortwährendes Nachströmen frischen, sauerstoffreichen Wassers sorgt; eine bedeutende Verstärkung erfährt die Bewegung des Wassers bei dem sich bewegenden Krebse durch die Bewegung der Kiemen selbst. Der Flußkrebs und verwandte Formen vermögen bekanntlich einige Zeit auch außerhalb des Wassers zu leben; diese Fähigkeit wird uns verständlich, wenn wir die Anordnung und Form der Kiemen betrachten: Die dem Kiemendeckel zunächst liegenden Podobranchien sind breit, von blattförmiger Gestalt und bedecken die mehr federförmigen Arthrobranchien; diese Kiemen werden hierdurch für einige Zeit feucht erhalten und vermögen Sauerstoff aus der Luft zu absorbieren, trocknen sie jedoch aus, so müssen die Tiere zugrunde gehen. Während im vorliegenden Falle die Atemhöhle durch einen ansehnlichen Spalt mit dem umgebenden Medium kommuniziert, legt sich bei anderen Arten der untere Rand des Kiemendeckels dicht an den Körper an und wird nur von Zeit zu Zeit, sei es durch das Einschieben des letzten Thorakalfußpaares oder durch Kontraktion gewisser Rumpfmuskeln, gehoben.

Am schärfsten abgeschlossen nach außen ist die Kiemenhöhle der kurzschwänzigen Krebse oder Krabben, bei denen nur eine kleine, spaltförmige, vor dem ersten Gehfußpaar gelegene Öffnung, die durch das 3. Kieferfußpaar vollständig geschlossen werden kann, dem Wasser den Eintritt gestattet; eine besondere Abflußöffnung für dieses liegt etwas weiter nach vorn.

An den Landaufenhalt angepaßte, oft tief in das Land wandernde, zuweilen sogar nur zur Zeit der Eiablage zum Meere zurückkehrende Krabben gibt es in nicht geringer Zahl (Aratus, Grapsus, Cardiosoma, Gecarcinus), und auch unter den Verwandten des Einsiedlerkrebses finden wir Luftatmer und gerade zu diesen gehört eine der bestuntersuchten Arten, Birgus latro, der sogenannte Palmendieb. Die Atemhöhle ist bei diesem in zwei Räume geschieden, die nur durch einen verhältnismäßig engen Spalt kommunizieren; die Kiemen liegen in dem unteren Raume, der obere, erheblich größere und von Luft erfüllte ist in eine Art Lungenhöhle umgewandelt, deren respiratorische Fläche dadurch eine bedeutende Vergrößerung erfährt, daß die auskleidende Hautschicht zahlreiche, verzweigte Fortsätze bildet, in die venöses Blut führende Gefäße eintreten; das arteriell gewordene Blut sammelt sich jederseits in einem größeren Kanale, der in den Perikardialsinus einmündet; die Kiemen sind bei Birgus von geringer Größe, ein Verhalten, das jedoch durchaus nicht bei allen luftatmenden Formen anzutreffen ist, wie man vielleicht meinen könnte. Anpassungen an die Luftatmung finden wir auch bei einigen Isopoden (Porcellio scaber, der Kellerassel, Oniscus murarius und Armadillidium), bei denen die Exopoditen einiger oder aller Pleopodenpaare entweder mit feinen, verästelten, luftführenden Kanälchen (Pseudotracheen), die mit der Außenwelt in Verbindnng stehen, ausgestattet sind, oder es sind in denselben weniger regelmäßig gestaltete, von Luft erfüllte Räume vorhanden, die aber besonderer Öffnungen nach außen entbehren.

Wie bei den Decapoden, so stehen auch bei den übrigen Krebsen die Kiemen, deren Form und Bau mancherlei Verschiedenheiten zeigt, in Beziehung zu den Extremitäten, oder es sind die letzteren geradezu in Respirationsorgane umgewandelt (Pleopoden der Asseln).

Als Exkretionsorgane kommen in erster Linie zwei Drüsenpaare in Betracht, die ihrer Lage nach als Antennen- und Schalendrüsen bezeichnet werden. Die ersteren münden an der Basis der 2. Antennen, die letzteren an der Basis der hinteren Maxillen nach außen; Schalendrüsen hat man die letzteren deshalb genannt, weil sie meist innerhalb der Schale gelegen sind, mit der Bildung derselben haben sie aber gar nichts zu tun. Die Entomostraken und vielleicht auch die Stomatopoden besitzen Schalendrüsen, die Malakostraken Antennendrüsen, die einen wie die anderen hat Nebalia, doch sind die Schalendrüsen nur wenig entwickelt.

An beiden Drüsen lassen sich in den meisten Fällen 3 Abschnitte (Fig. 14) unterscheiden, das Cölom- oder Endsäckchen, das mehr weniger stark gewundene Harnkanälchen und die durch einen Porus nach außen mündende Harnblase. Einen komplizierteren Bau zeigen die kompakten, häufig gelblich, bräunlich oder grün gefärbten Antennendrüsen der Decapoden, bei denen an die Stelle des einfachen Harnkanälchens ein schwammiger, von unregelmäßig angeordneten Gewebsbalken und Trabekeln durchzogener Körper, das Labyrinth, getreten ist; die Harnblase ist oft von ungemein ansehnlicher Größe, dabei äußerst dünnwandig und das Endsäckchen verliert seine einfache Beschaffenheit durch das Auftreten von Septen und Falten, die nach innen vorspringen. Beim Flußkrebs zeigt die dem Harnkanälchen entsprechende Partie eine Differenzierung in 2 verschieden gefärbte Abschnitte, einen grünlichen und einen weißen; der erstere umgibt schalenartig den letzteren, dem das gelblichbraune Endsäckchen, auch Sacculus genannt, aufliegt; dieses steht in direkter Verbindung mit dem grünen Teil, die Harnblase dagegen mit dem weißen.

Fig. 14. Antennendrüse von Mysis. Nach Grobben. a Harnblase, b Exkretionskanal, c End- oder Cölomsäckchen, d Blutlacunen.

Die exkretorische Tätigkeit der Antennen- und Schalendrüsen läßt sich mit Hilfe von Farbstoffinjektionen in die Leibeshöhle oder Blutbahn nachweisen. Wird z. B. einem

Flußkrebs ein Gemisch von karminsaurem Ammon und Indigkarmin injiziert, so wird das erstere vom Endsäckchen, das letztere vom Harnröhrenkanälchen, resp. vom Labyrinth und zwar besonders vom grünen Teile desselben ausgeschieden. — Über die chemische Beschaffenheit des Exkretes dieser Drüsen ist wenig bekannt, Harnsäure und Harnstoff scheinen in demselben zu fehlen. Daß auch andere Drüsen eine wichtige Rolle bei der Exkretion spielen, wurde schon früher erwähnt, hier sei noch darauf hingewiesen, daß auch die Leber exkretorisch tätig ist.

Das Nervensystem zeigt in seiner Gesamtkonfiguration recht bedeutende Verschiedenheiten, die im wesentlichen auf eine sehr dichte Aneinanderlagerung und Verschmelzung der Ganglienpaare sowie eine hierdurch bedingte Verschiebung der einzelnen Ganglien zurückzuführen sind. Unter den Entomostraken besitzen die Branchiopoden das am reichsten gegliederte Nervensystem, die größte Konzentration finden wir bei gewissen Copepoden (Sapphirina) und Cirripedien (Sacculina, Peltogaster), von Malakostraken wären die Krabben in dieser Hinsicht anzuführen.

Über die Gliederung des Gehirns sowie die wichtigsten aus ihm hervorgehenden Nerven wurde schon früher (S. 12) das wesentlichste mitgeteilt.

Die Ganglien des Bauchmarkes entsenden Nerven zu den Gliedmaßen und zur Muskulatur des Rumpfes; die 3 Ganglienpaare, welche die Mundwerkzeuge innervieren, verschmelzen häufig zu einem größeren Ganglion, das als unteres Schlundganglion bezeichnet wird, beim Flußkrebs und anderen Crustaceen gehen auch noch die Ganglien der Kieferfüße in die Bildung desselben ein.

Ein sympathisches Nervensystem ist für verschiedene Malakostraken nachgewiesen worden, von ihm aus werden der Verdauungsapparat und das Herz mit Nerven versorgt.

Lichtperzipierende Organe sind bei den Crustaceen weit verbreitet, sie fehlen im allgemeinen nur den parasitisch lebenden und festsitzenden Formen sowie den Bewohnern von Höhlen, tiefen Brunnen und z. T. den Tiefseekrebsen.

Wir unterscheiden zwei Augentypen, das Naupliusauge und das Komplexauge; das letztere ist zum mindesten der Anlage nach eine paarige Bildung, das erstere dagegen ein unpaares Gebilde, welches entsprechend dem bilateral-symmetrischen Bau in der Medianebene der Tiere gelegen ist. Dieses Naupliusauge, das wir allein oder neben zusammengesetzten Augen bei den Entomostraken und auch bei vielen Malakostrakenlarven antreffen, hat die Form eines einfachen, schwarz oder rot gefärbten x-förmigen Pigmentfleckes. Es besteht jedoch fast stets aus 3 Augen, deren jedes von einem Pigmentbecher und einigen in diesem gelegenen lichtempfindlichen Zellen, den Retinazellen, gebildet wird; eine Orientierung über die Richtung, aus welcher die Lichtstrahlen kommen, ist wohl möglich, mehr vermag aber ein solches Auge nicht zu leisten.

Bedeutend leistungsfähiger sind die Komplexaugen, die allerdings in ihrem Baue bei den Krebsen mancherlei Modifikationen aufweisen; eine eingehendere Betrachtung möge denen des Flußkrebses, die mit zu den kompliziertesten gehören, zuteil werden. Die etwa halbkugeligen, auf beweglichen Stielen, den Augenstielen, sitzenden Augen (Fig. 9) bestehen aus zahlreichen, radiär gestellten Einzelaugen oder Ommen. An einem jeden Omma (Fig. 15) unterscheiden wir einen distal gelegenen, lichtbrechenden und einen proximalen, lichtperzipierenden Teil, Retinula genannt; der erstere besteht aus der chitinigen, von 2 (Fig. 15 mc) Hypodermiszellen abgeschiedenen Cornealfacette und dem Krystallkegel, an dessen Bildung 4 Zellen teilhaben, die z. T. erhalten bleiben und sich bis zur Retinula erstrecken; 7 schlanke, dunkel pigmentierte, um einen zentralen, etwa spindelförmigen Körper, das Rhabdom, gruppierte Zellen bilden die Retinula; jede dieser 7 Zellen trägt an ihrer inneren Fläche einen aus feinen Stiftchen bestehenden Saum, und diese 7 Stiftchensäume sind es, die das Rhabdom formen. Die Stiftchen stehen in Verbindung mit höchst feinen Fäserchen, den Neurofibrillen, die in ihrer Gesamtheit den in das Sehganglion eintretenden Nervenfortsatz der Zelle darstellen; um zu dem Ganglion zu gelangen, müssen diese Fortsätze eine Membran, die Membrana fenestrata, durchbohren, die den Abschluß des Auges gegen das optische Ganglion bildet.

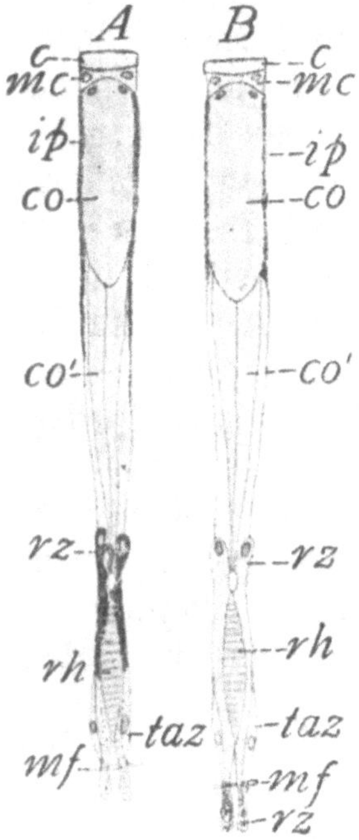

Fig. 15. Zwei Ommatidien von **Astacus fluviatilis**, A in Licht-, B in Dunkelstellung. Nach Parker. c Cornealfacette, mc Matrix, ip Irispigment, co Kristallkegel, co[1] Kristallkegelzellen, rz Retinazellen, taz Tapetumzellen, rh Rhabdom, mf Membrana fenestrata.

Das in den Retinulazellen enthaltene, oder in deren unmittelbarster Nähe befindliche, dunkle Pigment wird gewöhnlich als Retinapigment bezeichnet, im Gegensatz zum Irispigment, das sich, an besondere Zellen gebunden, in der Umgebung des Kristallkegels vorfindet. Außer diesem dunklen Pigmente sind beim Flußkrebs und anderen Crustaceen gelbliches Pigment führende Zellen in der Umgebung des proximalen Teiles der Retinula vorhanden; diese Zellen (Fig. 15 taz) absorbieren die sie treffenden Lichtstrahlen nicht, reflektieren dieselben vielmehr, so daß sie neuerdings in die Retinula eindringen und die Rhabdome, die eigentlichen perzipierenden Elemente, erregen können. Von nicht geringerer Wichtigkeit als das Vorhandensein eines derartigen, das Licht reflektierenden „Tapetums" ist die von der Intensität der Belichtung abhängige Lage sowohl des Retina- als Irispigmentes. An einem dem Lichte ausgesetzten Auge breitet sich das Pigment in den Retinulazellen und in den distalen Pigmentzellen derart aus, daß das Rhabdom geradezu von einer Pigmentröhre umgeben wird (Fig. 15, A), und es können nur die in der Richtung der Retinulaachse einfallenden Lichtstrahlen das Rhabdom treffen; das aus einzelnen Licht-(Bild-)punkten zusammengesetzte Bild, das auf die Retina, d. h. die Gesamtheit der Retinulae entworfen wird, ist demnach relativ lichtschwach. Für den Aufenthalt im Dunkeln würden Augen mit einer solchen Pigmentanordnung von nur geringem Nutzen sein, die Verschiebbarkeit des Pigmentes ermöglicht aber auch die Ausnutzung einer schwachen Lichtquelle. Das Retinapigment zieht sich bei geringer Belichtung in die hinter der Membrana fenestrata gelegenen Fortsätze der Retinulazellen zurück, und das Irispigment umgibt nunmehr als schmale Zone die vorderen Partien der Kristallkegel (Fig. 15, B), es ist mithin eine breite, pigmentfreie und für Lichtstrahlen durchgängige Schicht in einem solchen Auge vorhanden; infolge dieser Anordnung können die von einem bestimmten Punkte ausgehenden Lichtstrahlen einem Rhabdom durch mehrere Kristallkegel zugeleitet werden, und es wird das entworfene Bild eine größere Lichtstärke besitzen, als wenn nur axiale Strahlen sich an der Erzeugung beteiligt hätten. Bei dieser Pigmentanordnung kommt auch das Tapetum zur Geltung, das bei der früher geschilderten durch das zwischen ihm und dem Rhabdom befindliche Retinapigment funktionell gar nicht in Betracht kommen konnte, da keine Lichtstrahlen zu ihm gelangten.

Eine derartige Verschiebbarkeit des Pigmentes finden wir bei einer nicht kleinen Anzahl von Krebsen, bei anderen ist jedoch die Anordnung des Pigmentes eine konstante, es befindet sich entweder in Licht- oder in Dunkelstellung; die letztere ist besonders bei Tiefseeformen zu beobachten, bei denen überdies nicht selten (Schizopoden) eine Differenzierung des Auges in 2 Partien durchgeführt ist, die in Beziehung zu den vorhandenen Leuchtorganen steht. Der eine Teil des Auges, das sogenannte Seitenauge, empfängt Licht von den letzteren, der andere, das nach oben gerichtete sogenannte Frontauge, hingegen nicht. Im Seiten- wie im Frontauge, besonders aber in diesem, sind die Cornealfacetten sehr stark gewölbt, so daß auch seitlich auffallende Lichtstrahlen den ungemein großen Kristallkegeln zugeführt werden können; das Pigment ist auf äußerst geringe, zwischen den Kristallkegeln gelegene Mengen reduziert, das einfallende Licht wird mithin in hohem Maße ausgenutzt.

Durchmustern wir die zusammengesetzten Augen der verschiedenen Krebse, so ergeben sich ganz bedeutende Unterschiede hinsichtlich der Zahl der Ommen; 4 sind z. B. bei Asellus, weit über 1000 bei Astacus vorhanden; die Zahl der Zellen, die die Kristallkegel und Retinulae bilden, ist ebenfalls eine etwas variable, 2—5 resp. 4—7, und auch die Form und Größe der Cornealfacetten, Kegel, Retinulazellen sowie des Rhabdomes zeigen mancherlei Modifikationen, die funktionell natürlich nicht bedeutungslos sein werden.

Leuchtorgane, von früheren Untersuchern als akzessorische Augen gedeutet, sind für die zu den Schizopoden gehörigen Euphausien, die z. T. typische Tiefseebewohner sind, z. T. aber auch an der Oberfläche leben, nachgewiesen worden. Bei den meisten Euphausien, Euphausia, Thysanoessa, Nematoscelis usw., findet sich ein solches Organ an einem jeden Augenstiele, 8 weitere gehören dem Thorax resp. dem Abdomen an. Ein Längsschnitt durch das Leuchtorgan des Augenstieles (Fig. 16) orientiert uns am raschesten über den Bau. Ungefähr in der Mitte liegt der eiförmige, an seiner äußeren Fläche mit einem tiefen Einschnitte versehene, aus feinen Lamellen zusammengesetzte Leucht- oder Streifenkörper, an dessen hintere Fläche der Nerv herantritt; der Leuchtkörper ist von großen Zellen umgeben, die als die Bildungszellen des Leuchtkörpers selbst sowie des schalenförmigen, an seiner konvexen Fläche von einem roten Pigmente bedeckten „Reflektors" aufzufassen sind. Bandförmige lichtreflektierende (?) Lamellen samt ihren Matrixzellen bilden die seitlichen Partien des Organs, das wenigstens bei manchen Formen beweglich ist. Die ebenfalls drehbaren Leuchtorgane des Rumpfes unterscheiden sich von denen der Augen durch den Besitz einer vor dem Leuchtkörper befindlichen „Linse", durch die die Augenähnlichkeit erhöht wird.

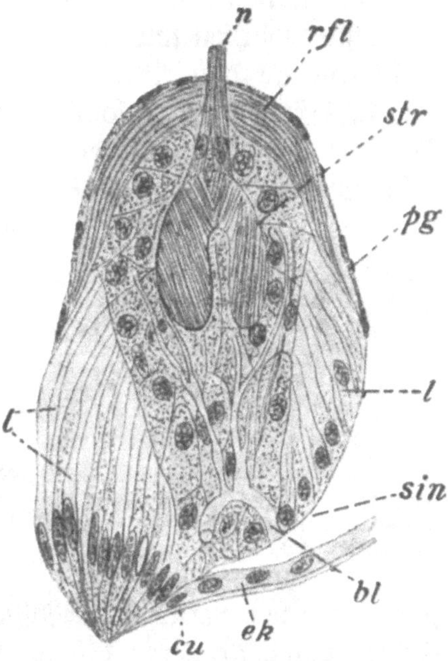

Fig. 16. Leuchtorgan des Stielauges von **Nematoscelis rostrata**. Nach **Chun**. **n** Nerv, **rfl** Reflektor, **str** Leuchtkörper, **pg** Pigmentschicht, **l** (lichtreflektierende) Lamellen, **sin** Blutsinus, **bl** Blutgefäß, **ek** Körperepithel, **cu** Cuticula.

Durch das lebhafte, bläulichweiße Licht, das von den Leuchtorganen des Kopfes ausgeht und die intensiven Lichtblitze, die von denen des Rumpfes entsendet werden, wird das Dunkel, das die Euphasien umgibt, soweit erhellt, daß sie mit Hilfe der Seitenaugen, die Frontaugen bleiben ihrer Stellung nach hiervon unberührt, Gegenstände, die sich unter ihnen und seitlich von ihnen, vielleicht auch, wenigstens bei nach vorn geschlagenen Abdomen, vor ihnen befinden, wahrnehmen können; vermutlich dient das Licht auch zum Anlocken der Beute, da ja bekanntlich Tiere, die eine nächtliche Lebensweise führen, durch Licht angezogen werden.

Ungemein reich ist der Körper aller Crustaceen an solchen Sinnesorganen, die im allgemeinen als Hautsinnesorgane bezeichnet werden und in Form von haarähnlichen Bildungen nicht nur an den Antennen und Mundgliedmaßen, sondern an allen Extremitäten sowie auch am Rumpfe auftreten. Der Funktion nach können wir vornehmlich 3 Kategorien solcher Sinneshaare unterscheiden: 1. Haare, die dem chemischen Sinne dienen (Riech- und Spürhaare); 2. Tast- und 3. sogenannte Hörhaare. Die Riech- und Spürhaare, die sich meist nur an den Antennulae (Fig. 17), seltener an den Antennen vorfinden, stellen blasse, schlauch- oder haarartige, an ihrem oberen Ende abgestutzte oder mit einem Schopfe sehr feiner Härchen versehene Gebilde dar; sie sind bei männlichen Individuen in größerer Zahl vorhanden als bei weiblichen, meist sind auch die blinden Krebse viel reicher mit ihnen ausgestattet als die sehenden; eine bessere Entwicklung des chemischen Sinnes kompensiert also augenscheinlich das fehlende Sehvermögen. Die über den ganzen Körper zerstreuten, zuweilen Gruppen bildenden, einfach borstenförmigen oder gefiederten Tasthaare sind weniger zart als die vorerwähnten; gestaltlich ähneln ihnen die Hörhärchen, die durch eine besonders dünne Chitinmembran mit dem Körper verbunden sind; sie sind demgemäß überaus leicht beweglich und sehr empfindlich gegen Erschütterungen.

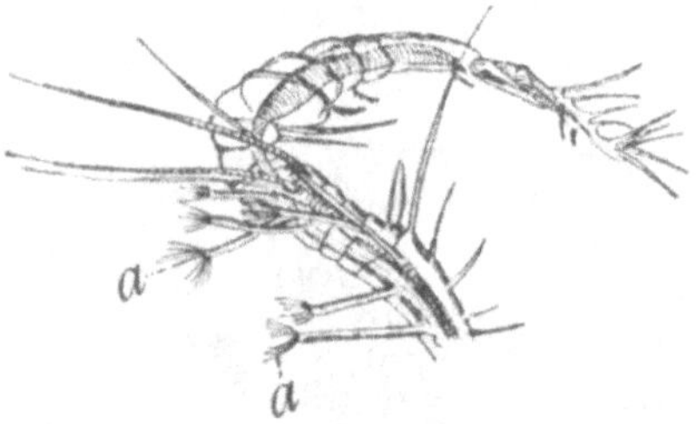

Fig. 17. **Cyclops serrulatus**, vordere Antenne des Männchens. Nach Claus. a Spürborsten.

An der Basis eines Sinneshaares oder in nur geringer

Entfernung von derselben liegt eine Sinneszelle oder eine Gruppe von solchen, deren jede einen Fortsatz in das Haar entsendet, während ein zweiter zentripetal, also in der Richtung gegen das Gehirn oder ein Ganglion, verläuft. Am deutlichsten nimmt man diese Dinge an Präparaten wahr, die mittels der Golgischen Chromsilbermethode dargestellt werden.

Einiger Worte bedürfen noch die sogenannten Gehör-, besser Gleichgewichtsorgane, die bei den Decapoden ganz allgemein, seltener bei Schizopoden und Amphipoden anzutreffen sind. Bei den erstgenannten ist im Basalgliede jeder Antennula ein kleines Säckchen enthalten, das bei den Macruren durch einen meist von Haaren überdeckten Porus mit der Außenwelt kommuniziert, bei den Brachyuren dagegen nach außen abgeschlossen ist. Auf den mehr weniger zahlreichen, in Reihen oder Bogen angeordneten Sinneshaaren, die von der Wand des Säckchens ausgehen, ruhen bei den Macruren die Statolithen; selten nur ist ein einziger vorhanden, den Brachyuren fehlen sie. Diese Statolithen sind gewöhnlich Sandpartikelchen, die bei der Häutung mit entfernt und durch neue ersetzt werden; befinden sich an Stelle des Sandes, in einem Aquarium z. B., Eisenfeilspäne, so werden diese als Statolithen verwendet, was für die Vornahme von Experimenten sehr wichtig ist. Im Gleichgewichtszustande sind alle Sinneshaare gleichmäßig belastet, treten Störungen desselben ein, so werden gewisse Haare stärker gereizt werden als andere; durch geeignete Bewegungen der Extremitäten kann dann die Ruhelage wieder hergestellt werden. Im Prinzip liegen mithin ganz dieselben Verhältnisse vor, wie ich sie für die Rippenquallen (Bd. I, S. 84) schilderte. In der Schizopodenfamilie der Mysiden liegen die Statocysten in den Endopoditen des letzten Pleopodenpaares; in ihrem Baue schließen sie sich an die der Macruren an, doch besteht keine Verbindung mit der Außenwelt.

Von manchen Seiten wird behauptet, daß die Krebse Geräusche wahrnehmen, also wirklich hören können; manche Beobachtungen sprechen für diese Annahme, ein vollständig einwandfreier Beweis ist jedoch noch nicht erbracht; in erster Linie spielen jedenfalls die sogenannten Hörorgane die Rolle von statischen Organen.

Öffnet man einen Flußkrebs von der Rückenfläche und entfernt das Herz, so bemerkt man bei Männchen wie Weibchen — die Crustaceen sind mit wenigen Ausnahmen getrenntgeschlechtlich — in der hinteren Hälfte des Cephalothorax einen dreilappigen Körper (Fig. 9), den Hoden resp. das Ovar. Die Gonaden sind ursprünglich paarig, sekundär tritt jedoch eine Verschmelzung ein. Mit den Hoden stehen 2 lange, vielfach gewundene Samenleiter, Vasa deferentia, in Verbindung, sie münden am Basalgliede des letzten Thorakalfußpaares aus; die erheblich kürzeren Eileiter verlaufen ohne Biegungen zur Basis des 6. Fußpaares. Beim männlichen Flußkrebse sind, wie schon früher erwähnt wurde, das 1. und 2. Pleopodenpaar anders gestaltet als beim weiblichen, bei dem sie nicht selten fehlen. Die rahmartige Samenflüssigkeit, in der die eigentümlich gestalteten, unbeweglichen Spermien enthalten sind, ergießt sich zunächst in die röhrenartigen vorderen Abdominalfüße und wird dann in Form ½—1 cm langer, wurstförmiger Gebilde an die Bauchseite der Weibchen angeheftet.

Eine solche dorsale Lagerung der Geschlechtsdrüsen, wie sie für den Flußkrebs angegeben wurde, treffen wir bei vielen Crustaceen an, bei anderen liegen sie mehr seitlich vom Darme; in bezug auf Form und Ausdehnung im Körper ergeben sich dagegen eine Menge von Varianten, und dies gilt auch für besondere akzessorische Drüsen und Anhangsgebilde, die mit den Ausführgängen in Verbindung stehen. Penisartige Bildungen in Form mehr weniger langer Höcker und Röhren, an deren Spitze die Genitalöffnungen zu bemerken sind, finden wir bei manchen Malacostraken (Amphipoden, Stomatopoden) und Entomostraken (**Branchipus**, Fig. 1). Bei den Entomostraken ist die Lage der Genitalporen keine so scharf bestimmte, wie bei den Malakostraken, gewöhnlich liegen sie an der Grenze des gliedmaßentragenden und gliedmaßenlosen Abschnittes; das betreffende Segment bezeichnet man zumeist als Genitalsegment. Eine außergewöhnliche, nämlich dorsale Situation haben die Oviduktmündungen bei den Cladoceren, es hängt dies mit der Ausbildung eines Brutraumes zwischen der Rückenfläche des Körpers und der Schale zusammen (Fig. 2). Dieser Raum birgt im allgemeinen im Frühling und Sommer eine größere Anzahl dünnschaliger Eier, die nur mäßig reich an Nährmaterial sind und sich parthenogenetisch entwickeln, im Herbste dagegen finden wir in ihm nur ein oder 2 Eier, die der Befruchtung bedürfen und die Sommereier an Größe, Schalendicke und Dotterreichtum übertreffen; sie verweilen im Gegensatz zu den Sommereiern nicht bis zur vollen Ausbildung des jungen Tieres im Brutraume, sondern werden, umgeben von einer besonderen Hülle, dem Sattel oder Ephippium, nach außen abgelegt, und erst im Frühjahr schlüpfen aus ihnen die Jungen, stets Weibchen, aus. Der Sattel ist eine verdickte Partie der Schale, die sich von dem übrigen Teile bei der Häutung ablöst und bei dem Ei verbleibt.

Über die Entwicklung vgl. M e i s e n h e i m e r, (Sammlung Göschen, Bd. 378/79). Es sei hier nur auf die für die Crustaceen charakteristische Naupliuslarve hingewiesen; sie findet sich als freilebende Larve bei vielen Entomostraken und einigen Malakostraken (**Penaeus**); von besonderer Wichtigkeit ist die genannte Larvenform bei solchen Krebsformen, welche durch Parasitismus eine soweit gehende Veränderung erlitten haben, daß ihre Crustaceennatur nicht ohne weiteres ersichtlich ist (Cirripedien).

Mit dem Ausdrucke **Entomostraca** sind auch hier, wie dies öfters geschieht, die 4 Ordnungen **Phyllopoda, Ostracoda, Copepoda** und **Cirripedia** zusammengefaßt, womit aber nicht eine nähere Verwandtschaft dieser Gruppen zum Ausdruck gebracht werden soll, sondern eine gewisse Gegensätzlichkeit in bezug auf die Malacostraca, die eine gut umschriebene Gruppe formen.

Die Zahl der Rumpfsegmente ist bei den Entomostraken eine sehr variable, nicht nur nach den Ordnungen, sondern auch innerhalb derselben; und ebenso unterliegt die Zahl der Extremitäten und die Lage der Geschlechtsöffnungen bedeutenden Schwankungen; als Exkretionsorgane funktionieren hier Schalendrüsen; eine deutliche Differenzierung des Vorderdarmes in einen Oesophagus und Kaumagen fehlt; ein Naupliusauge ist stets — von einigen parasitischen Formen abgesehen — vorhanden, Komplexaugen können auftreten.

1. O.: **Phyllopoda, Blattfüßer.** Die meist mit einem Kiemsäckchen versehenen Rumpfgliedmaßen sind blattförmig; die Mandibeln entbehren eines Tasters, die Maxillen sind reduziert. Eine schalen- oder schildförmige Hautduplikatur ist meist vorhanden.

1. U.-O.: *Euphyllopoda (Branchiopoda).* Körper deutlich gegliedert mit zahlreichen Fußpaaren; Apus, mit breitem Rückenschild, 1—2 cm lang; Branchipus (Fig. 1), ohne Schale; Artemia in Salzlaken.

2. U.-O.: *Cladocera,* Wasserflöhe. Körper klein, undeutlich segmentiert, mit zweiklappiger Schale; 4—6 Paare von Rumpfgliedmaßen; die hinteren Antennen groß, zweiästig, zum Rudern dienend. Daphnia (Fig. 2), Sida.

2. O.: **Ostracoda, Muschelkrebse.** Den ganzen Körper dieser kleinen, meist nur 1—2 mm langen Krebse umgibt eine zweiklappige, mit einem elastischen Bande versehene und durch einen besonderen Muskel verschließbare Schale. Der Körper ist undeutlich segmentiert und das Abdomen sehr reduziert. Zahlreiche, teils im Schlamme grabende, teils kriechende oder pelagisch lebende Salz- und Süßwasserformen. Cypris, Süßwasser; Cypridina (Fig. 4) marin.

3. O.: **Copepoda, Ruderfüßer.** Diese Gruppe enthält neben freilebenden, zahlreiche parasitische, sehr abweichend gestaltete

Formen, die vornehmlich an Fischen schmarotzen. Am Körper der freilebenden Copepoden lassen sich im allgemeinen ein aus 6 oder 7 Segmenten bestehendes Kopfbruststück, eine 5 resp. 4 Segmente umfassende Brustregion und ein fünfgliedriges Abdomen, dessen Endsegment deutlich gespalten ist und eine sogenannte Furka darstellt, unterscheiden. Die Mandibeln und vorderen Maxillen sind mit mehr weniger gut ausgebildeten Tastern versehen, die beinartigen zweiten Maxillen werden häufig als vordere Kieferfüße bezeichnet, die sogenannten hinteren Kieferfüße entsprechen einem ersten Thorakalfußpaare. Die nun folgenden Brustfüße sind mit Ausnahme des letzten, häufig rudimentären oder beim Männchen in Greiforgane umgewandelten Paares, typische zweiästige Ruderfüße. Die Geschlechtsöffnungen liegen am Beginne des Abdomens. Die Weibchen tragen sehr häufig die abgelegten Eier in kleinen Säckchen, den Eiersäckchen, mit sich umher.

In Stilette sind die Mandibeln bei den parasitischen Formen umgewandelt, die zweiten Maxillen und die (hinteren) Kieferfüße werden meist als Klammerorgane verwendet, dem gleichen Zwecke dienen nicht selten auch die Antennulae und Antennen. Die Deformierungen, die der Körper der Parasiten erleidet, sind bei den Weibchen im allgemeinen viel bedeutender als bei den Männchen (Fig. 18).

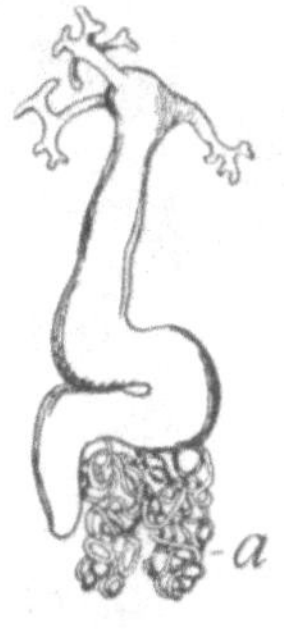

Fig. 18. Lernaea branchialis, Weibchen. Nach Scott. a Eiersäckchen.

1. U.-O.: *Eucopepoda*. Körper der freilebenden Arten deutlich gegliedert; Brustfüße breite, wohlgegliederte Ruderfüße; ohne Komplexaugen aber mit Naupliusauge. Im süßen und salzigen Wasser. Freilebende Arten sind: Cyclops, Diaptomus (Fig. 3), Canthocamptus; temporäre Parasiten: Sapphirina, ♀ in Salpen; Parasiten: Achtheres percarum auf den Kiemen des Barsches; Lernaea branchialis (Fig. 18) auf Schellfischen; Chondracanthus gibbosus auf Lophius.

2. U.-O.: *Branchiura*, Karpfenläuse. Körper schildförmig verbreitert; Abdomen kurz, flossenartig, beim Männchen die Hoden enthaltend; Mundwerkzeuge stechend; Brustfüße schlank. Mit Komplexaugen. Argulus (Fig. 19), auf Karpfen.

4. O.: **Cirripedia, Rankenfüßer.** Diese fast durchweg hermaphroditischen, sessilen oder parasitisch lebenden und infolgedessen in ihrer äußeren Form und in ihrem Baue stark veränderten Krebse gehören sämtlich dem Meere an. In die mantelartige, mit einem

Schlitze versehene, den Körper fast vollständig umhüllende Schale der Lepadiden und Balaniden sind Kalkplatten eingelagert, deren Anordnung in den beiden Gruppen eine etwas verschiedene ist. Die 6 schlanken Thorakalbeinpaare dienen zum Herbeistrudeln der Nahrung; die Mundwerkzeuge und Antennen sowie das Abdomen sind rückgebildet. Die Festhaftung erfolgt mit dem Vorderende des bei den Lepadiden stielartig verlängerten Kopfes, resp. mit den Antennulae. Genannt seien als bekannteste Formen Lepas (Fig. 6, 7), die Entenmuschel und Balanus, die Meereichel oder Seepocke. Zu den Rankenfüßern zählen fernerhin die merkwürdigen Rhizocephalen oder Wurzelkrebse, die in Krabben und Einsiedlerkrebsen schmarotzen; sie besitzen die Form eines Sackes, von dem wurzelartige Fortsätze ausgehen, die in den Leib des Wirtes eindringen und die Organe förmlich umspinnen. Peltogaster, Sacculina.

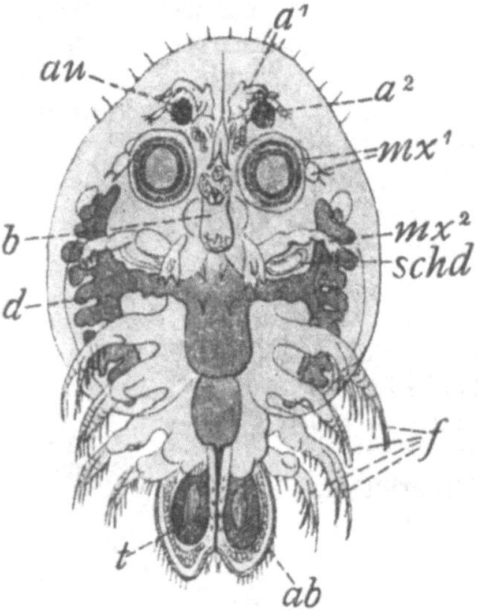

Fig. 19. **Argulus foliaceus**, Männchen, nach Claus. Aus Lang. b Mundröhre mit Mandibeln, a^1 vordere, a^2 hintere Antennen, mx^1 Maxillen, mx^2 Kieferfüße (oder zweites Maxillenpaar), schd Schalendrüse, d Darm, f Brustfüße, ab Abdomen, t Hoden, au Augen.

Die **Malacostraca,** über deren Körpergliederung schon auf S. 16 gesprochen wurde, unterscheiden sich von den Entomostraken weiterhin durch die konstante Lage der Genitalporen am 6. resp. 8. Thorakalsegmente, die Differenzierung des Vorderarmes in eine Speiseröhre und in einen Kaumagen, das stete Vorhandensein zweier Komplexaugen und die Repräsentation der Exkretionsorgane durch die Antennendrüsen, mit alleiniger Ausnahme vielleicht der Stomatopoden.

1. Legion: **Leptostraca.** Die Zahl der Abdominalsegmente beträgt 8, das 7. und 8., welch letzteres in 2 Äste (Furka) gespalten ist, entbehren der Gliedmaßen. Der größte Teil des Körpers wird von einer zweiklappigen Schale umschlossen, die an ihrem Vorderende eine bewegliche Platte, Rostralplatte,

trägt. Augen gestielt. Nebalia, im Flachwasser und geringen Tiefen; marin.

2. Legion: **Arthrostraca, Edriophthalmata, Ringelkrebse.** Diese Krebse entbehren einer Schalenduplikatur, oder wenn eine solche vorhanden (Anisopoden), so ist sie klein. In die Bildung des Cephalothorax gehen 1, selten 2 Brustsegmente ein. Augen nicht gestielt. Ein typisches Beispiel für den Habitus gibt uns Gammarus (Fig. 10).

1. O.: **Anisopoda, Scherenasseln.** Meist kleine marine Krebse, die teils litoral, teils in bedeutenden Tiefen leben und im Sande wühlen. Mit dem Kopf verschmelzen 2 Brustsegmente zum Cephalothorax; das 2. Brustfußpaar ist mit mächtigen Scheren ausgestattet, Apseudes, Tanais.

2. O.: **Isopoda, Asseln.** Das Abdomen des abgeplatteten Körpers ist oft von nur geringer Größe. Die Pleopoden dienen der Respiration, zuweilen auch zum Schwimmen. Die Brustbeine (Gehfüße) sind bei den Weibchen mit plattenartigen Anhängen versehen, die zur Herstellung einer Bruttasche verwendet werden. Die Asseln sind Bewohner des Meeres, des süßen Wassers und des Landes; unter den ersteren gibt es eine nicht unbedeutende Zahl von Formen, die an der Haut und den Kiemen von Fischen, Decapoden und Cirripedien als Schmarotzer leben und häufig, besonders im weiblichen Geschlecht, eine sehr auffallende und barocke Gestalt besitzen. Hermaphroditen sind unter ihnen nicht selten und die Männchen mancher Arten sind gleich denen gewisser parasitischer Copepoden und Cirripedien von sehr geringer Größe, sogenannte Pygmäenmännchen. Asellus, Wasserassel, Oniscus, Mauerassel, Porcellio, Kellerassel; Armadillidium, Rollassel; Bathynomus giganteus im Golfe von Mexiko wird ca. $^1/_3$ m lang; Cymothoa, marin, auf Fischen schmarotzend; Entoniscus (Portunion) auf Krabben.

3. O.: **Amphipoda, Flohkrebse.** Der Körper der Amphipoden ist seitlich mehr weniger stark komprimiert, der Kopf, mit Ausnahme der Hyperinen, klein; das Abdomen ist besonders bei den Lämodipoden, bei denen auch das 4. und 5. Brustbein meist in Wegfall kommen, stark verkümmert (Fig. 20). Die Brustgliedmaßen sind ziemlich verschieden gestaltet, nicht selten sind einige derselben mit Greifhänden, Klauen oder Scheren versehen. Das erste Paar derselben ist in Kieferfüße umgewandelt, die übrigen, welche alle oder zum Teil an ihrer Innenseite mit Kiemen und bei den Weibchen mit Brutlamellen versehen sein können, bilden 2 Gruppen; die der

vorderen, das 2.—5. Paar, sind kopfwärts, die der hinteren abdominalwärts gerichtet (Fig. 10). Die vorderen 3 Pleopodenpaare dienen zum Schwimmen; die hinteren zum Springen. Im süßen und salzigen Wasser. Gammarus pulex, Süßwasser; Niphargus putaneus in Höhlen und Brunnen, blind; Phronima, marin, lebt in kleinen Tönnchen, den ausgefressenen Mänteln von Salpen; Caprella, lebt auf Hydroidpolypen- und Bryozoenstöcken; Cyamus, Walfischlaus.

3. Legion: **Thoracostraca, Podophthalmata, Schalenkrebse.** Die Augen sind, von den Cumaceen abgesehen, gestielt; die nie fehlende Schalenduplikatur bedeckt die ganze Brustregion oder einen Teil derselben, ihre seitlichen Partien bilden den Kiemendeckel.

1. O.: **Cumacea.** Die kleine Schale überdacht nur die 3 vordersten Brustsegmente. Die Kopf- und Brustregion sind mehr weniger stark verdickt, das Abdomen hingegen ist schlank, langgestreckt und sehr beweglich; 2 Paar Kieferfüße. Im Meere und im Kaspisee. Diastylis.

Fig. 20. Caprella aequilibra, aus Claus. Nach P. Mayer. a¹ vordere, a² hintere Antennen, f² zweiter, f³ dritter, f⁸ achter Thorakalfuß, k Kiemen.

2. O.: **Schizopoda, Spaltfüßer.** Das zarthäutige Brustschild bedeckt meist die ganze Brustregion; die Brustfüße sind typische, zweiästige, der Lokomotion dienende Spaltfüße; Pleopoden bei den Weibchen rudimentär. Wenn Kiemen vorhanden sind, so gehören sie den Thorakalfüßen an. Fast sämtliche Schizopoden sind Bewohner des Meeres. Euphausia, Nematoscelis, mit Leuchtorganen; Mysis mit Statozysten.

3. O.: **Decapoda, zehnfüßige Krebse.** Die Decapoden haben den Habitus eines Flußkrebses oder einer Krabbe. Das ansehnliche Rückenschild bedeckt die ganze Brustregion, und seine seitlichen Teile umschließen die Kiemenhöhle; nach vorn setzt es sich in den Stirnstachel, das Rostrum, fort. Das Abdomen ist bei den Brachyuren verkümmert und wird gegen die Bauchfläche geschlagen. Die 3 vorderen Brustbeinpaare sind Kieferfüße, die 5 übrigen enden häufig mit Scheren und dienen zum Gehen; als Waffe wird das mächtige erste Gehfußpaar verwendet. Das letzte Pleopodenpaar bildet mit dem Telson die Schwanzflosse, die beiden vorderen stellen die Kopulationsorgane der Männchen dar. Bei manchen Macruren spielen die Pleopoden auch eine wichtige Rolle beim Schwimmen.

a) *Macrura*, langschwänzige Dekapoden. Astacus fluviatilis,

Flußkrebs; Homarus, Hummer; Palinurus vulgaris, Languste; Nephrops norvegicus, Scampo; Palaemon, in die Gruppe der Garneelen gehörig.

An die Macruren schließen sich die Einsiedlerkrebse an, die ihr kleines, weichhäutiges Abdomen häufig in Schneckenschalen bergen; Eupagurus bernhardus, Berhardinerkrebs; Birgus latro, der Palmendieb, lebt in Erdlöchern.

b) *Brachyura.* Krabben, Meerspinnen. Dromia vulgaris, Maja squinado, Carcinus maenas, marin; Telphusa fluviatilis, Süßwasser; Gecarcinus, Landkrabbe.

4. O.: **Stomatopoda, Maulfüßer.** Der langgestreckte Körper ist etwas abgeplattet; das Brustschild bedeckt nur die 4 vorderen Thorakalsegmente; das wohlentwickelte Abdomen endet mit einer Schwanzflosse; von den 5 Mundfüßen stellt der zweite einen mächtigen Raubfuß dar; die 3 hinteren Brustfußpaare sind dünn und zweiästig; 5 Pleopodenpaare sind mit Kiemenbüscheln versehen. Squilla mantis, Heuschreckenkrebs (Fig. 8) marin.

2. Klasse: Palaeostraca.

O.: Xiphosura, Schwertschwänze.

Die systematische Stellung dieser interessanten, nur durch das Genus Limulus in der jetzigen Fauna repräsentierten Tiere ist eine viel umstrittene. Von manchen Forschern werden dieselben zu den Spinnentieren, von anderen zu den Crustaceen gestellt, sie mögen hier zwischen diesen beiden Gruppen einen Platz finden:

Der breite, schildförmige, auf der Rückenfläche gewölbte, auf der Bauchseite konkave Körper, an dessen hinterem Ende ein langer Stachel befestigt ist, besteht aus 2 Abschnitten, einem vorderen etwa halbmondförmigen (Fig. 21) und einem ungefähr sechseckigen hinteren; der vordere Teil wird gewöhnlich Cephalothorax, der hintere Abdomen genannt, beide sind gelenkig miteinander verbunden.

Die 6 dem Cephalothorax angehörigen Gliedmaßenpaare sind beinförmig gestaltet; das vorderste ist vor, die übrigen, mit Kauladen versehenen sind seitlich vom Munde und hinter diesem gelegen. Bei den Weibchen enden sie alle mit Scheren, bei den Männchen ist stets das 1., zuweilen auch das 2. Paar mit Klauen ausgestattet. Hinter ihnen liegt 1 Paar spangenförmiger Gebilde, die Chilaria, deren Gliedmaßennatur umstritten ist; sie sind jedenfalls schon dem Abdomen als zugehörig zu betrachten und würden eventuell dessen 1. Extremitätenpaar darstellen. Die in 6 Paaren vorhandenen Gliedmaßen des Abdomens sind im Gegensatz zu denen der Kopfbrust breit, plattenförmig; das erste Paar, Operculum genannt, bedeckt die übrigen, die zum Schwimmen dienen und Träger der blattförmigen Kiemen sind. Die Zahl der Abdominalsegmente ist übrigens eine größere als nach der Zahl der Beinpaare vermutet werden könnte; es sind am Embryo noch weitere 3 Segmente nachweisbar, von denen das letzte den Schwanzstachel bildet.

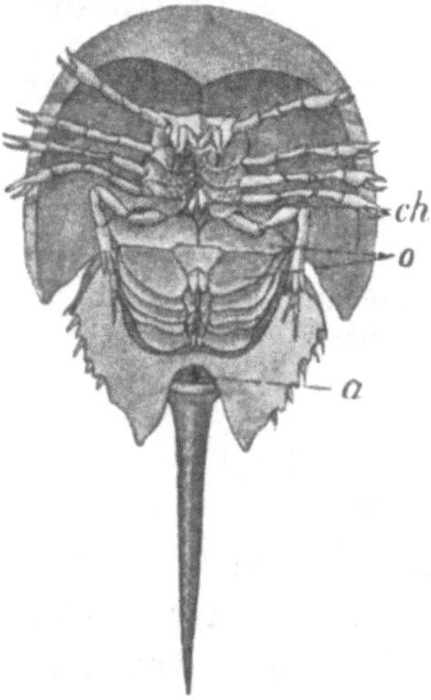

Fig. 21. Limulus polyphemus, Weibchen. ch Chilaria, o Operculum, a After.

Der Mund führt in einen langen Oesophagus, an den sich ein ansehnlicher, muskulöser Kaumagen, dessen Innenfläche stark gefaltet ist, anschließt; in den rohrförmigen Mitteldarm münden 2 Paare reich verzweigter Mitteldarmdrüsen, der Enddarm ist kurz und öffnet sich durch den direkt vor der Stachelbasis gelegenen After nach außen. Das langgestreckte Herz ist mit zahlreichen Ostien ausgestattet, seine Lage ist die für die Arthropoden typische. An dem recht kompliziert gebauten Zentralnervensystem unterscheidet man einen den Oesophagus umgebenden Nervenring, von dem die Augennerven, Hautnerven sowie die Nerven ausgehen, welche die Extremitäten des Cephalothorax, die Chilaria und das Operculum innervieren, und eine Bauchganglienkette, die Nerven zu den kiementragenden Abdominalbeinen entsendet. Außer 2 Komplexaugen sind 1 Paar Ocellen vorhanden. Als Exkretionsorgane werden die sogenannten roten Drüsen gedeutet, die bei jungen Individuen an der Basis des 5. Extremitätenpaares ausmünden und sohin mit der Schalendrüse der Krebse verglichen werden können. Die reich verzweigten Geschlechtsdrüsen münden bei beiden Geschlechtern an der Innenseite des Operculums aus.

Limulus moluccanus, Sundainseln, Molukken; L. polyphemus, Ostküste von Nordamerika; in Tiefen von 2—6 Faden im Schlamme wühlend. Die Limulusarten erreichen eine Länge von 32—40 cm und nähren sich von Mollusken und Anneliden.

3. Klasse: Arachnoidea, Chelicerota oder Spinnentiere.

Das Exterieur der in dieser Klasse vereinigten Arthropoden läßt sehr bedeutende Verschiedenheiten erkennen, man vergleiche einen Skorpion (Fig. 22) und eine Milbe (Fig. 28). Der Skorpion besitzt einen langgestreckten, deutlich segmentierten Körper, an dem sich wohlumschriebene Regionen erkennen lassen, nichts von einer Gliederung ist dagegen an dem gedrungenen Körper der Milbe zu sehen; gemeinsam ist beiden die Zahl der Gliedmaßen, 6 Paare finden wir bei allen Cheliceroten. Von diesen stehen die beiden vorderen, die Cheliceren oder Kieferfühler (Mandibeln) und die Pedipalpen oder Kiefertaster (Maxillen) zumeist in Beziehungen zur Nahrungsaufnahme, die übrigen 4 Paare dienen der Lokomotion.

Die Segmentierung des Körpers ist am genauesten von den Skorpionen bekannt (Fig. 22, 23). Der vorderste Abschnitt des Körpers, der sogenannte Cephalothorax oder Kopf, trägt die 6 Gliedmaßenpaare, die Zahl der Segmente dürfte jedoch tatsächlich nicht 6 sondern 8 betragen, da außer dem primären

Kopfsegmente oder Acron das Vorhandensein eines vor den Cheliceren gelegenen ursprünglichen Rumpfsegmentes durch entwicklungsgeschichtliche und anatomische Befunde wahrscheinlich gemacht worden ist. Die sich anschließende mittlere Körperregion, das sogenannte Präabdomen, jetzt häufig Thorax oder Pereion genannt, besteht beim Embryo aus 7 Segmenten, von denen aber das erste einer vollständigen Rückbildung unterliegt; von den übrigen trägt das

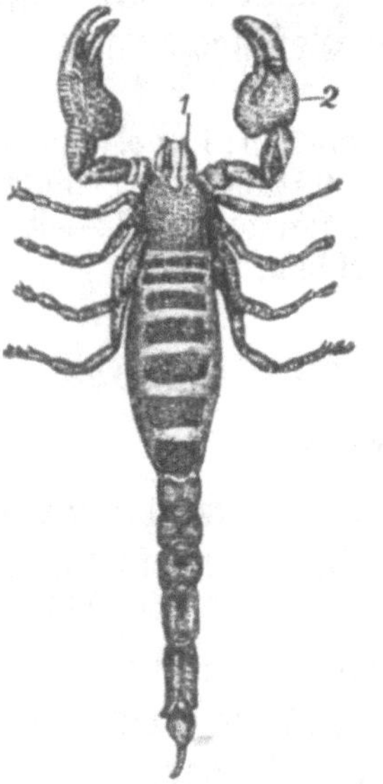

Fig. 22. **Scorpio africanus**, aus Lang. Nach Cuvier. 1 Cheliceren, 2 Kiefertaster.

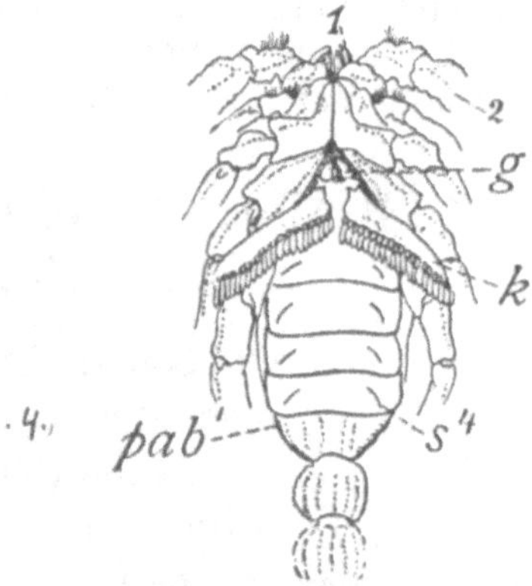

Fig. 23. **Buthus occitanus**, aus Lang. Nach Cuvier. 1 Cheliceren, 2 Kiefertaster, **g** Genitalöffnung, **k** Kämme, **s⁴** Stigma⁴, **pab¹** erstes Segment des (Post-) Abdomens.

vorderste, d. i. das zweite, die von den Genitalklappen umgebene Geschlechtsöffnung, am dritten finden wir die ihrer Form wegen als Kämme bezeichneten Sinnesorgane (Fig. 23), am vierten bis siebenten liegen die zu den Respirationsorganen führenden Stigmen; an den Stellen nun, an denen die Genitalklappen, Kämme und Stigmen auftreten, finden sich beim Embryo Extremitätenanlagen vor, und es läßt sich der Nachweis führen, daß die genannten Gebilde entweder direkt auf Gliedmaßen zurückzuführen sind (Genitalklappen, Kämme) oder in Beziehung zu solchen stehen (Stigmen). An der Bildung der letzten Region, dem sogenannten Postabdomen (Pleon, Abdomen), haben 6 Segmente und das Telson teil, das letztere bildet den Giftstachel. Extremitätenanlagen fehlen diesen Segmenten auch im embryonalen Zustande.

Fig. 24. **Tarantula Apuliae**, Weibchen. Aus Matschie. 1 Cheliceren, 2 Kiefertaster.

Bei den Spinnen (Fig. 24), den Skorpionspinnen (Fig. 25), den Pseudoskorpionen (Fig. 26) und Phalangiden ist der Cephalothorax oder Kopf mehr weniger deutlich von dem Hinterleib geschieden und stellt wie bei den Skorpionen eine einheitliche Bildung dar; eine Gliederung in mehrere Abschnitte zeigt er dagegen bei den Palpigraden und Walzenspinnen (Fig. 27) und es gewinnen die letzteren insbesondere ein insektenähnliches Aussehen, da sich bei ihnen scheinbar ein Kopf, eine aus 3 Segmenten bestehende, gliedmaßentragende Brust und ein gliedmaßenloser Hinterleib unterscheiden lassen. Eine Differenzierung in ein Prä- und Postabdomen ist am Hinterleibe der genannten Spinnentiere nicht vorhanden, doch ergibt auch hier die Entwicklungsgeschichte z. B. für die Spinnen, daß

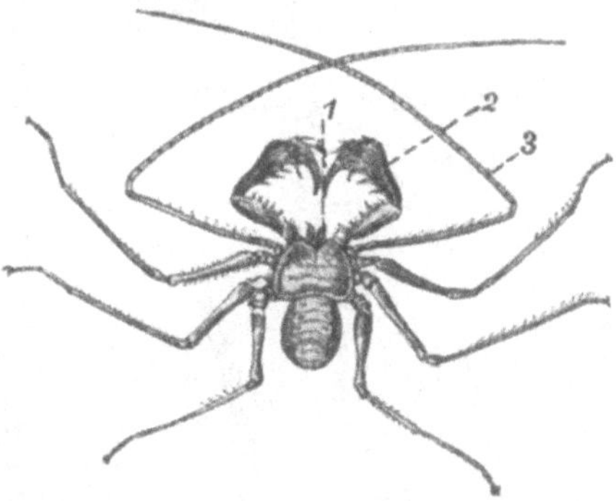

Fig. 25. **Phrynus reniformis**. Aus Claus. 1 Cheliceren, 2 Kiefertaster, 3 erstes Beinpaar.

ursprünglich ein Teil der Segmente Gliedmaßenanlagen trägt (= Präabdomen), ein anderer derselben entbehrt (= Postabdomen), es lassen sich also sichere Beziehungen zur Segmentierung der Skorpione herstellen. Die Spinnwarzen der Araneiden sind unzweifelhaft Reste von Extremitäten, die dem 4. und 5. (ursprünglichen) Segmente des Präabdomens angehören.

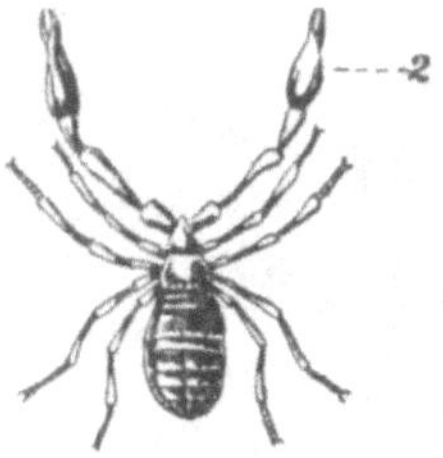

Fig. 26. Chelifer Bravaisii, aus Lang. Nach Cuvier. 2 Kiefertaster.

Jede Gliederung ist meist bei den Milben geschwunden (Fig. 28).

Die den Körper bedeckende, häufig mit Haaren, Borsten oder stachelartigen Bildungen versehene Cuticula, die wie bei den Krebsen ein Produkt der unter ihr befindlichen Epidermis ist, hat zumeist eine lederartige Beschaffenheit, von größerer Härte ist sie bei den Skorpionen. In der Cuticula sowohl als auch in der Epidermis können Pigmente enthalten sein, welche die besonders bei den Spinnen nicht selten schönen und lebhaften Färbungen bedingen. Die Anordnung der Muskulatur wird mit Rücksicht auf die Segmentierung gewisse Verschiedenheiten in den einzelnen Gruppen aufweisen; im allgemeinen sind eine Anzahl stark entwickelter Längsmuskelzüge sowie dorso-ventral und schräg verlaufende Faserbündel, die vornehmlich zu den Extremitäten in Beziehung treten, vorhanden. Von Drüsen sind

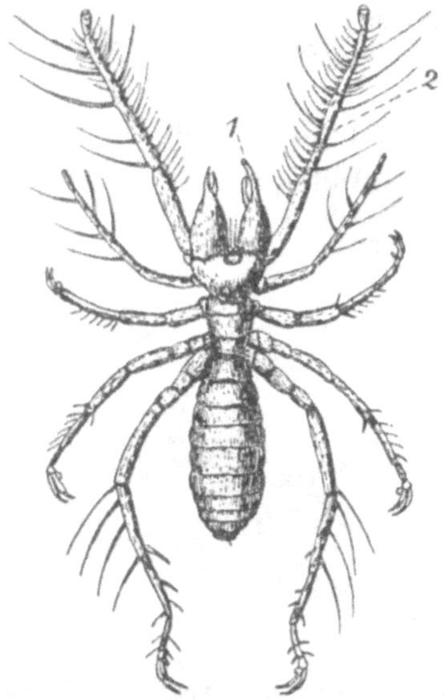

Fig. 27. Galeodes Dastuguei, Weibchen, aus Lang. Nach Dufour. 1 Cheliceren, 2 Kiefertaster.

in biologischer Hinsicht besonders die Gift- und Spinndrüsen, in vergleichend anatomischer die Coxaldrüsen von Bedeutung. Die wahrscheinlich auf Nephridien von Anneliden zurückführbaren Coxaldrüsen sind im Cephalothorax gelegen und haben die Form kürzerer oder längerer, meist vielfach gewundener Schläuche; als Exkretionsorgane sind sie von Bedeutung bei den Phalangiden, denen die sogenannten Malpighischen Gefäße fehlen, und funktionsfähige Gebilde dürften sie auch bei denjenigen Arachnoideen darstellen, bei denen sie mit Ausführgängen versehen sind; solche wurden nachgewiesen für die Skorpione (junge Individuen), für Spinnen und Solifugen; die Ausführgänge münden bei einem Teil der Spinnen, den Dipneumones, am 1., bei den übrigen und den Phalangiden am 3. Gehfußpaare nach außen.

Fig. 28. Trombidium holosericeum, aus Claus. Nach Mégnin.

Die im Abdomen der Araneiden befindlichen Spinndrüsen (Fig. 29), die auf 4 (Tetrapneumones) oder 6 (Dipneumones) Spinnwarzen ausmünden, variieren nach den Arten hinsichtlich der Zahl sehr bedeutend, so besitzt z. B. die Kreuzspinne ca. 308, die Hausspinne (Tegenaria domestica) dagegen nur ca. 48 Drüsen jederseits. Die Form, und was wichtiger ist, die Funktion der Drüsen ist auch bei derselben Art eine verschiedene; man unterscheidet der Gestalt nach baumförmige, zylindrische, lappen-, birn-, beerenförmige, bauchige usw.; die erstgenannten sondern ein klebriges Sekret ab, das in Form kleiner Tröpfchen den Fäden anhaftet und sogenannte nasse Fäden bildet, an denen kleinere Tiere haften bleiben; die birnförmigen liefern das Material für die Wohn- und Fanggewebe, die zylindrischen das für die Eiersäckchen; zum Bewerfen der Beute mit Fäden dient das Sekret der lappenförmigen Drüsen, die wie es scheint, Theridium und Steatoda eigentümlich sind; die Bedeutung der beerenförmigen und bauchigen ist nicht sicher bekannt; zum Umspinnen der Beute, das man häufig beobachten kann, scheint das Sekret verschiedener Drüsen verwendet zu werden. Tegenaria besitzt von den genannten Drüsenformen z. B. die bauchigen, die zylindrischen, beeren- und birnförmigen, die Kreuzspinne außer diesen die baumförmigen. Bei gewissen Spinnen, den Amaurobien u. a., befindet sich vor den Spinnwarzen ein von zahlreichen Poren durchsetztes Feld,

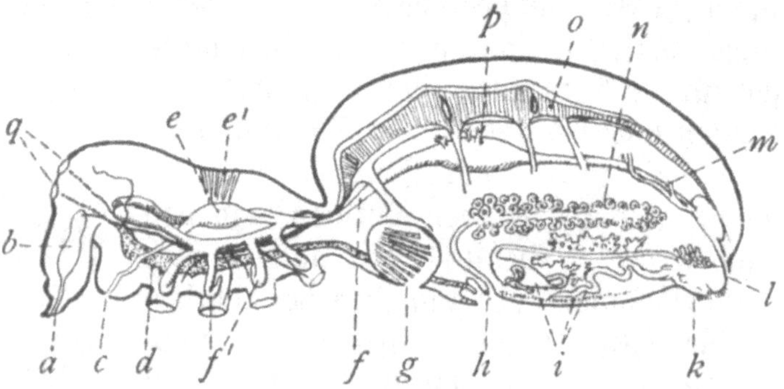

Fig. 29. Schema eines Längsschnittes durch eine weibliche Spinne, **Epeira**. a Chelicere, b Giftdrüse, c Mund, d Ganglienmasse, e Saugmagen, e^1 Muskel zu demselben, f, f^1 Darm und vordere Darmdivertikel, g Fächer'rachee, h Geschlechtsöffnung, i Spinndrüsen, k Spinnwarzen, l After, m Malpighische Gefäße, n Ovarium, o Herz, p Einmündungsstellen der hinteren Mitteldarmdrüse (Leber), q Augen. Aus **Cambridge Natural History**.

das Cribellum (Fig. 30), auf dem zahlreiche Drüsen ausmünden; am vorletzten Gliede des 4. Fußpaares aller mit einem Cribellum versehenen Formen sind 1 oder 2 Reihen gebogener Haare vorhanden, die das sogenannte Calamistrum bilden, mit dessen Hilfe aus dem Sekret der Cribellumdrüsen das „gekräuselte", an seiner bläulichen Farbe kenntliche Gewebe gebildet wird; seine klebrige Beschaffenheit macht es zum Fange der Beute sehr geeignet, weiterhin dient es zur Bildung der Eiersäckchen; auffallenderweise verkümmern die Cribellumdrüsen beim erwachsenen Männchen. Spinndrüsen besitzen auch die Pseudoskorpione, doch liegen dieselben im Cephalothorax und münden an den Cheliceren nach außen. Giftdrüsen kennen wir von den Spinnen und Skorpionen. Bei den ersteren gehören sie der Lage nach dem Cephalothorax an (Fig. 29b) und öffnen sich an der Spitze der Chelicerenklaue nach außen, das Sekret fließt mithin beim „Biß" in die Wunde. Berüchtigt sind ihrer Giftigkeit wegen Lathrodectes tredecimguttatus, die Malmignatte, und L. lugubris, die Karakurte, von denen die erstere in Italien und Südrußland, die letztere in Südrußland und Griechenland vorkommt. Unter den Mygaliden haben besonders Theraphosa avicularia, die Vogelspinne (Südamerika) und Th. javanensis einen üblen Ruf; die Bisse von Th. javanensis sollen auch für Menschen tödlich sein; ein ziemlich wirksames, Entzündungen usw. hervorrufendes Gift führt auch die Kreuzspinne in ihren Drüsen. Vollständig harmlos für den Menschen ist dagegen die so verrufene Tarantel, Lycosa tarantula oder Tarantula Apuliae (Fig. 24). Die Giftdrüsen der Skorpione liegen im Endsegmente, ihre Ausmündungen in der Nähe der Stachelspitze. Die Stiche der größten Arten wie Androctenus funestus können dem Menschen gefährlich werden, die Bedeutung etwa eines Wespenstiches haben diejenigen der südeuropäischen Formen.

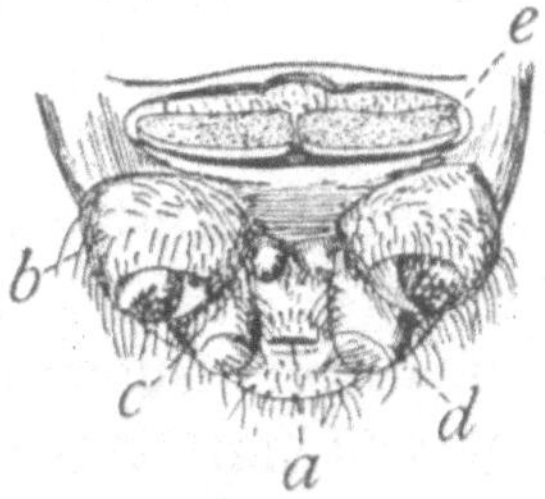

Fig. 30. Amaurobius similis, Weibchen. Hinteres Körperende von der Bauchfläche. a After, b, c, d Spinnwarzen, e Cribellum. Aus Cambridge Natural History.

Der Darmkanal durchzieht als ein mäßig weites, gerades oder nur leichte Biegungen beschreibendes Rohr den Körper. Der Vorderdarm gliedert sich zumeist in einen weiten muskulösen Pharynx, der vornehmlich als Saug- und Pumpapparat funktioniert, und einen engen, die Verbindung mit dem Mitteldarme herstellenden Oesophagus. Bei den Spinnen ist dieser

Saugapparat relativ schwach entwickelt, obwohl dieselben ausschließlich von flüssiger Nahrung leben und ihre Beute aussaugen; die festeren Bestandteile eines Beutetieres, Muskeln usw. werden durch das Sekret der Speicheldrüsen, die in der Kaulade (dem sogenannten Unterkiefer) der Kiefertaster gelegen sind, gelöst und können alsdann leicht durch den Mund in den Darm aufgenommen werden; unterstützt wird die Tätigkeit des Pharynx bei den Araneen durch einen besonderen Saugmagen (Fig. 29). Mit dem Mitteldarme stehen stets einfach schlauchförmige oder reich verästelte Divertikel in Verbindung; gering ist die Zahl derselben bei den Milben, recht bedeutend bei den Phalangiden. Bei den Spinnen und Solifugen sind die Darmdivertikel in zwei Gruppen angeordnet, die eine liegt im Cephalothorax, die andere im Abdomen; die in dem letzteren befindlichen Darmausstülpungen sind ungemein stark verzweigt und werden oft als „Leber", besser wäre der Ausdruck Pankreas, bezeichnet; die Zellen dieser „Leber" sezernieren eine Flüssigkeit, die die Fähigkeit hat, Eiweißstoffe zu lösen, Stärke in Zucker zu verwandeln und Fette zu spalten; in geringerem Maße vermögen dies, wie es scheint, auch die einfachen, im Cephalothorax befindlichen Divertikel, die sich bei den Spinnen bis in die Beine erstrecken können (Fig. 29, f'); die einen wie die anderen sind aber auch von größter Bedeutung für die Resorption der Nahrung. Eine ähnliche Funktion ist auch den Mitteldarmdivertikeln der Phalangiden und der Mitteldarmdrüse der Skorpione zuzuschreiben. Dicht vor dem kurzen oder mäßig langen Enddarme, der bei den Spinnen eine blasige Erweiterung zeigt, münden die meist in der Zweizahl vorhandenen, einfachen oder verzweigten Malpighischen Gefäße, die Hauptexkretionsorgane, in den Mitteldarm.

Ein Blutgefäßsystem fehlt, wie es scheint, einem Teile der Milben, vielleicht auch den Palpigraden, genauer bekannt ist es nur von den Skorpionen und Spinnen. Das im Präabdomen gelegene, mit 8 Ostienpaaren versehene Herz der Skorpione ist langgestreckt; stark verkürzt und nur mit 3 Paaren von Ostien ausgestattet ist das der Spinnen (Fig. 29); da wie dort setzt es sich nach vorn in eine Kopf-, nach hinten in eine Hinterleibsarterie fort, und überdies gehen aus ihm auch seitliche Gefäße hervor; aus den Verzweigungen der genannten Gefäße gelangt das Blut schließlich als venöses Blut in große Bluträume, die in Beziehung zu den Atmungsorganen stehen und von da strömt es zum Perikard resp. zum Herzen.

Die Respirationsorgane sind entweder Fächer- oder Röhrentracheen; Fächertracheen (Lungen) besitzen die Skorpione (4 Paare), die *Pedipalpi* (2 Paare) und die *Tetrapneumones* (2 Paare) unter den Spinnen; Lungen (1 Paar) und Röhrentracheen treffen wir bei den *Dipneumones* an, Röhrentracheen allein bei den übrigen Formen, falls sie nicht wie die *Palpigradi* und manche Milben besonderer Einrichtungen zum Atmen entbehren.

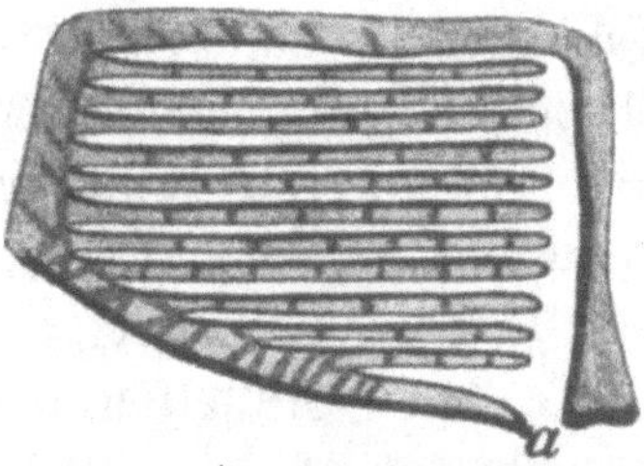

Fig. 31. Längsschnitt durch eine Fächertrachee einer Spinne, aus Lang. Nach Mac Leod. a Stigma.

Die meist spaltförmigen Öffnungen, Stigmen, durch die die Atmungsorgane nach außen münden, liegen im allgemeinen am Beginne des Hinterleibes (resp. am Präabdomen); bei den Solifugen gehört eines der 3 Stigmenpaare jedoch dem Cephalothorax an, und sehr variabel ist die Lage derselben bei den Milben. Die Fächertracheen sind dadurch charakterisiert, daß in die Lufthöhle (Fig. 31) zahlreiche übereinander geschichtete, durch kleine Zwischenräume getrennte, wie die Blätter eines Buches angeordnete Lamellen vorspringen; die Lamellen, die mit ihrem vorderen Rande und den seitlichen

Partien an der Wand der Lufthöhle befestigt sind, bestehen aus 2 Membranen, zwischen welche die Blutflüssigkeit einströmen und in Beziehung zum Sauerstoff der Luft treten kann; ein Zusammenkleben der Membranen einer Lamelle sowie der Lamellen selbst wird durch kleine Gewebspfeiler verhindert. Für die morphologische Beurteilung der Fächertracheen ist es wichtig, zu wissen, daß sich dieselben unschwer auf in die Tiefe versenkte Limulus-Kiemen zurückführen lassen.

Das Zentralnervensystem zeigt entsprechend der Segmentierung des Körpers nur bei den Skorpionen eine reichere Gliederung, bei denen es aus dem Gehirn, einem aus der Verschmelzung mehrerer Ganglien entstandenen unteren Schlundganglion (Ganglion des Cephalothorax) und 7 Bauchganglien besteht. In den übrigen Gruppen ist eine weitere Konzentration eingetreten, am größten ist dieselbe bei einem Teile der Spinnen und den Milben. Das Gehirn entsendet die Nerven zu den Augen und den Cheliceren, vom unteren Schlundganglion aus werden die Kiefertaster sowie die 4 Beinpaare innerviert. Ein aus mehreren kleinen Ganglienknötchen zusammengesetztes Eingeweidenervensystem ist vorhanden.

Die meisten Arachnoideen besitzen Augen, Ocellen, sie fehlen nur den Palpigraden, einem Teile der Milben und manchen Pseudoskorpionen. Am genauesten untersucht sind die der Spinnen, der Skorpione sowie Phalangiden, als Beispiel sollen die der Spinnen betrachtet werden. Die 6 oder 8 Augen dieser Cheliceroten sind an der vorderen dorsalen Partie des Cephalothorax nach den Arten in etwas verschiedener aber bestimmter Weise, gewöhnlich in 2, zuweilen auch in 3 bogenförmigen Reihen angeordnet. Die der Medianlinie zunächst liegenden vorderen Augen, die Mittel- oder Hauptaugen, zeigen einen etwas anderen Bau als die übrigen, die Nebenaugen genannt werden, und dies gilt auch für die mittleren und seitlichen Sehorgane der Skorpione. An den Hauptaugen der Araneiden unterscheiden wir, von außen nach innen gehend, eine dicke, chitinige Linse (Fig. 32, A), unter der die Glaskörperschicht, d. i. eine Fortsetzung der Hypodermis, zugleich die Matrixschichte der Linse, gelegen ist; nun folgt die Retina, deren langgestreckte Zellen am vorderen Ende einen Stiftchensaum, ein sogenanntes

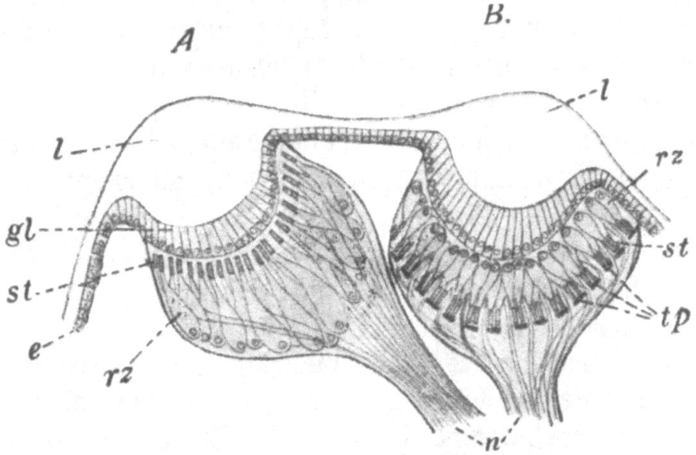

Fig. 32. Schema eines Haupt- (A) und eines Nebenauges (B) einer Spinne. Nach Hentschel. l Linse, gl Glaskörper, e Körperepithel, rz Retinazellen mit Stäbchen (Stiftchensäumen) st, n Nerv, tp Tapetum.

Stäbchen, tragen; umhüllt wird die ganze Retina von einer festen Membran, der Retinakapsel. Die Nebenaugen unterscheiden sich von den Hauptaugen vornehmlich in 2 Punkten: Die Sehzellen tragen den Stiftchensaum an dem proximalen, dem Licht abgewandten Ende (Fig. 32, B), und dann liegt hinter der Retina noch ein das Licht reflektierendes Tapetum, das mit einem rosettenförmigen Spalt versehen ist, durch den die Nervenfortsätze der Sehzellen treten, um zum Gehirne zu gelangen. — In den Medianaugen der Skorpione bilden je 5 Sehzellen eine Gruppe, deren Achse von einem aus den Stäbchensäumen der 5 Zellen gebildeten Rhabdom eingenommen wird; aus 2—10 Zellen bestehende Zellengruppen, deren Stiftchensäume jedoch vollständig voneinander getrennt bleiben, treffen wir in den Nebenaugen dieser Tiere an; Glaskörper und Corneallinse bieten die gleichen Verhältnisse wie bei den Spinnen.

Trotz der bedeutenden Augenzahl scheinen die meisten Spinnen, wie die Beobachtung lehrt, kein hervorragendes Sehvermögen zu besitzen; am besten ausgebildet dürfte das der Attiden sein, die die Beute beschleichen und im Sprunge erhaschen.

Ungemein reich ist der Körper der Arachnoideen an Sinneshaaren, -borsten und -zapfen, die ganz allgemein an den Kiefertastern und Beinen, fernerhin an den Kämmen der Skorpione, sowie an eigentümlichen, pilzförmigen Anhängen des 4. Beinpaares, den Malleoli der Solifugen zu finden sind; z. T. dienen dieselben dem Tastsinne, z. T. sind sie Organe des chemischen Sinnes, z. T. vielleicht auch Hörhaare. Ob die Cheliceroten zu hören vermögen, ist übrigens eine offene Frage, da aber manche Formen, so Skorpione, Solifugen und Spinnen durch Aneinanderreiben der Cheliceren, der Kiefertaster sowie der letzteren an den Vorderbeinen und auch des Cephalothorax am Abdomen Töne zu erzeugen vermögen, ist es nicht unwahrscheinlich.

Durchweg herrscht Trennung der Geschlechter. Die Männchen sind zumeist kleiner als die Weibchen; anderweitige äußere Geschlechtsunterschiede beziehen sich auf die Form der Cheliceren (Solifugen), der Kiefertaster (Spinnen), der Kämme (Skorpione) usw. Die unpaare Geschlechtsöffnung liegt am Beginne des Hinterleibes (am 2. primären Thorakalsegment), eine Verschiebung nach vorn tritt jedoch bei den Phalangiden und manchen Milben ein; besondere Begattungsöffnungen, die in ein oder zwei zur Aufbewahrung des

Spermas dienende Taschen, Receptacula seminis, führen, kommen einigen Milben und Spinnen zu. Die Gonaden finden wir im Hinterleibe (Präabdomen, Fig. 29); gewöhnlich treten sie in einem Paare auf, sie können jedoch durch Verschmelzung zu einem unpaaren Gebilde werden (Phalangiden, Milben z. T.) oder aber durch Spaltung eine Vermehrung erfahren (Skorpione, Solifugen).

Kopulationsorgane in Form verschiedenartig gestalteter Penes besitzen die Männchen der meisten Arachnoideen, eine Ausnahme machen nur die Spinnen, bei denen die eigentümlich veränderten Kiefertaster zur Übertragung des Spermas dienen (Fig. 33). Mit Legeröhren ausgestattet sehen wir die Weibchen einiger Milben und der Phalangiden.

Vivipar sind die Skorpione, die Phryniden unter den Pedipalpi und manche Milben, ovipar alle übrigen; im ersteren Falle übernehmen die Eileiter die Rolle von Uteri.

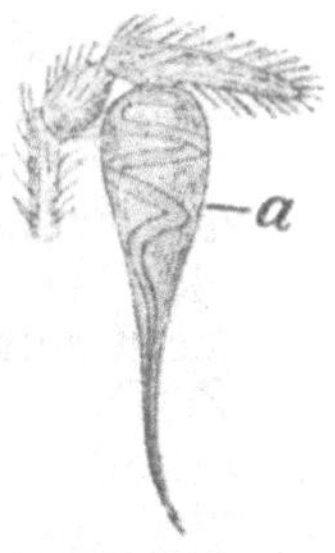

Fig. 33. Endteil des Kiefertasters eines Segestria-Männchens, aus Claus. Nach Bertkau. a Kopulationsorgan.

Zur Zeit der Brunst führen die Skorpione und einige Spinnen Liebesspiele auf; das Skorpionmännchen erfaßt hierbei mit den Scheren seiner Kiefertaster die des Weibchens und geht mit diesem förmlich Hand in Hand; die Männchen der Attiden tanzen vor den Weibchen, um die sie werben; der Erfolg ist nicht immer der gewünschte; zuweilen, speziell bei den Spinnen, muß sich das Männchen eiligst flüchten, damit es nicht vom Weibchen aufgefressen wird, und das gleiche passiert den Männchen der Spinnen und Skorpione auch nach der Begattung.

Die ursprünglichste und in der Geschichte der Erde am frühesten (schon im Silur) auftretende Gruppe der Cheliceroten ist die der Skorpioniden.

1. O.: **Scorpionidea.** Der Segmentierung des Körpers wurde schon gedacht (S. 53, Fig. 22, 23). Die Cheliceren sowie die langen, beinförmigen Kiefertaster enden mit kräftigen Scheren; die Beine sind siebengliederig, die 3 distalen bilden den mit Krallen endenden Tarsus. Die Skorpione sind Bewohner der wärmeren und heißen Zonen und bevorzugen Steppen- und Wüstengebiete. Am Tage halten sie sich versteckt, des Nachts gehen sie auf Raub aus; größere Tiere töten sie durch Stiche mit dem Stachel, kleinere zerstücken sie. Euscorpius italicus, carpathicus und germanus (30—50 mm lang) finden sich in den Mittelmeerländern, in Südeuropa kommt auch der 8 cm lange Buthus occitanus vor. Eine Länge von 17 cm erreicht Pandinus imperator (tropisches Afrika).

2. O.: **Pseudoscorpionidea, Afterskorpione** (Fig. 26). Dem ungegliederten, zuweilen mit Querfurchen versehenen Cephalothorax ist das platte 10—11 gliederige Abdomen breit angefügt; Cheliceren sowie Pedipalpen enden mit Scheren. Chelifer cancroides, der Bücherskorpion, ca. 3 mm lang, findet sich häufig in alten Büchern und Kleidungsstücken.

3. O.: **Solifugae, Walzenspinnen** (Fig. 27). Cephalothorax segmentiert; die 3 freien Segmente werden häufig als Brust bezeichnet; das walzenförmige, zehngliederige Abdomen fügt sich mit breiter Basis an das letzte „Brust"segment an. Die Cheliceren enden mit Scheren, die beinförmigen Kiefertaster besitzen am Endgliede ein Haftorgan. Von den 3 Stigmenpaaren liegt das erste am vordersten „Brust"segmente. Am 4. Beinpaare finden sich die als Malleoli bezeichneten Anhänge. Die bei Männchen und Weibchen verschieden gestalteten Cheliceren tragen bei den ersteren einen faden-, lanzett- oder plättchenartigen Anhang, das Flagellum, dessen Bedeutung unbekannt ist. Die Walzenspinnen sind nächtliche Raubtiere, die vornehmlich in den Steppen und Wüsten der wärmeren und heißen Gegenden wohnen. Galeodes, Nordafrika, Asien; Rhax, Afrika, Asien.

4. O.: **Palpigradi.** Am Cephalothorax 2 freie Segmente; das elfgliederige Abdomen trägt einen langen gegliederten Anhang; Cheliceren mit Scheren, Pedipalpen beinförmig. Augen und Tracheen scheinen zu fehlen. Kleine nur ca. 2 mm lange, unter Steinen lebende Tierchen. Koenenia, Mittelmeerländer, Südamerika.

5. O.: **Pedipalpi, Skorpionsspinnen,** Geißelskorpione, (Fig. 25). Cephalothorax bei manchen Formen durch eine Furche in eine vordere und hintere Partie geschieden; das 11—12 gliederige Abdomen, dessen 3 letzte Segmente ein stummelförmiges, mit einem

Caudalfaden versehenes Postabdomen bilden können, setzt sich **scharf gegen den Cephalothorax ab. Cheliceren mit Klauen. Die** sehr großen Kiefertaster sind mit kräftigen Klauen oder Scheren ausgestattet. Das erste Beinpaar endet mit einer langen acht- bis vielgliederigen Geißel und dient als Tastorgan. Die Pedipalpi bewohnen ähnlich den Skorpionen die warmen und heißen Gegenden, fehlen aber in den Mittelmeerländern. Raubtiere. Telyphonus mit Postabdomen und Caudalfaden, Java, Mexiko; Phrynus (Fig. 25) ohne Postabdomen, Indien, Ostafrika.

6. O.: **Phalangidea, Afterspinnen.** Das meist kurze, nur 6—8 gliederige Abdomen sitzt mit voller Breite dem ungegliederten Cephalothorax an. Die Cheliceren enden mit Scheren, die Kiefertaster sind beinförmig. Die Beine sind im allgemeinen dünn und lang; Spinndrüsen fehlen. Die beiden Augen liegen auf 2 Höckern dicht neben der Medianlinie. Nächtliche Tiere, deren Nahrung hauptsächlich aus Insekten, jungen Spinnen und Milben besteht, doch verschmähen sie auch pflanzliche Stoffe nicht. Phalangium opilio, Weberknecht.

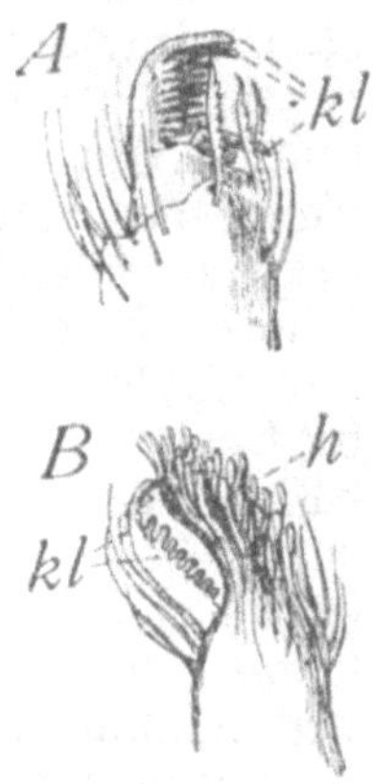

Fig. 34. Fußenden, A von Epeira, B von einer Attide. Aus Cambr. Natural History. h Haare, kl Klauen.

7. O.: **Araneida, Spinnen** (Fig. 24). Die Verbindungsstelle des ungegliederten Cephalothorax und des ebenfalls jeglicher Segmentierung baren, eiförmigen Abdomens ist durch eine tiefe Einschnürung stielartig verdünnt. Die Cheliceren sind mit kräftigen Klauen, auf denen die Giftdrüsen ausmünden, versehen; die beinartigen Kiefertaster spielen bei den Männchen die Rolle von Kopulationsorganen (Fig. 33); die Beine sind 7 gliederig. Die Tarsen (Endglieder) enden mit 1—3 meist gezähnten Klauen (Fig. 34), in deren Umgebung verschiedenartig geformte Haare stehen; ansehnliche Haarbüschel unterhalb der Klauen gestatten manchen Spinnen das Klettern an glatten Flächen (Fig. 34 B). Stets sind 2 oder 3 Paare von Spinnwarzen vorhanden (Fig. 30), hierzu kommen bei gewissen Formen noch die auf dem Cribellum ausmündenden Drüsen (S. 58). Die Geschlechtsöffnung der Weibchen wird meist von einem besonders gestalteten Chitinplättchen, Claustrum genannt, bedeckt, das häufig mit einem mehr weniger langen Fortsatz (clavus) in Verbindung steht; clavus und claustrum bilden das Begattungsorgan (= Sarum, Epigyne).

1. U.-O.: *Tetrapneumones*, charakterisiert durch 2 Paare Fächertracheen und 4 (selten 8) Spinnwarzen. Diese Spinnen graben Gänge oder bewohnen Löcher, die mit dem Sekrete der Spinndrüsen austapeziert und nicht selten durch einen Deckel verschlossen werden. Mygale (Avicularia) avicularia, Vogelspinne, 5 cm lang, Südamerika. Cteniza Sauvagei, Tapezierspinne, Röhre mit Deckel, Korsika.

2. U.-O.: *Dipneumones*, mit einem Paare Fächer- und 1 Paare Röhrentracheen. Das Stigma oder die Stigmen, die zu den letzteren führen, liegen meist dicht vor den Spinnwarzen, deren 6 vorhanden sind. — Ein Teil der hierher gehörigen Formen spinnt Netze zum Fange der Beute („Sedentaria"), ein anderer Teil jagt dieselbe („Vagabundae"). Die schnell laufenden Lycosiden oder Wolfspinnen, deren Weibchen das Eiersäckchen mit sich tragen, jagen ihre Opfer, die Salticiden (Attiden) oder Springspinnen dagegen beschleichen dieselben und erhaschen sie im Sprunge; des Nachts halten sich die Attiden in sackartigen Gespinsten auf. Die Gewebe der Sedentarien sind von so verschiedener und charakteristischer Form, daß sie sogar für die systematische Gruppierung verwendet worden sind. Die rasch auch rückwärts und seitlich laufenden Krabbenspinnen oder Thomisiden spinnen nur wenige Fäden, die aber nicht zum Beutefange dienen, in dieser Hinsicht schließen sie sich an die "Vagabundae" an, d. h. sie jagen. Röhren-, sack- oder trichterförmige Gewebe, die sich in Mauerwinkeln, zwischen Steinen und Pflanzen finden, fertigen die Tubitelarien oder Röhrenspinnen an, zu denen die sechsäugigen Dysdera- und Segestria-Arten, ferner die mit einem Cribellum versehenen Amaurobien, die Argyronetiden, das sind die im Wasser lebenden Spinnen, dann Tegenaria (Hausspinne) usw. gehören. Unregelmäßige, netzartige Gewebe im Gesträuche und Gras formen die Retitelarien, die Netz- oder Webspinnen; in der Nähe dieser Fangnetze ist gewöhnlich ein rundes oder glockenförmiges Brutnetz, in dem die Weibchen die Eier bergen, vorhanden; Theridium, Steatoda, Latrodectes gehören hierher. Die kunstvollsten und regelmäßigsten Netze weben die Radspinnen oder Orbitelarien, als Typus kann hier die Kreuzspinne, Epeira diademata, dienen. Die Beutetiere bleiben an den klebrigen Fäden hängen und werden dann rasch umsponnen; die Eierhäufchen bergen die Weibchen in einem weichen, gelben Gespinst, das an Baumstämme usw. abgelegt wird. Außer Epeira sei Tetragnatha extensa, die Uferspinne, erwähnt. — Mit wenigen Worten sei noch der im Herbste

häufig zu beobachtenden „Marienfäden" gedacht. Die jungen Spinnen, die diese Fäden bilden, suchen sich einen erhöhten Punkt auf, stellen sich auf die Spitzen der Beine (Fig. 35) und spinnen einen Faden, der vom Winde getragen wird; hat er die dem Gewicht der Spinne entsprechende Länge erreicht, so klammert die Spinne sich an ihn an und segelt solange durch die Lüfte, bis ihr Luftschiff irgendwo hängen bleibt.

8. O.: **Acarina, Milben** (Fig. 28). Cephalothorax und Abdomen verschmelzen meist vollkommen, bei manchen Formen setzt sich aber die vorderste Körperpartie, welche die Mundwerkzeuge trägt, kopfartig ab und wird Capitulum genannt. Die Kieferfühler enden mit Scheren oder Klauen, häufig sind sie in Stechborsten umgewandelt; an den Kiefertastern unterscheidet man die zuweilen mit Scheren oder Klauen versehenen Palpen und die Kauladen, die in Verbindung mit einem unpaaren Stücke, der sogenannten Unterlippe, das rinnen- oder löffelförmige Hypostom bilden; in ihrer Gesamtheit stellen die Mundwerkzeuge das Rostrum oder den Schnabel dar. Die sehr verschieden gestalteten Beine enden mit Krallen oder auch mit Haftscheiben; die Larven besitzen nur 6 Beine. Die Lage der Stigmen sowie der Genitalöffnung ist eine etwas variable; die Respirationsorgane sind, wenn vorhanden, Röhrentracheen. — Die Milben leben z. T. auf dem Lande, z. T. im Wasser, viele von ihnen schmarotzen auf Tieren und Pflanzen. Zu den bekanntesten Milben zählen die Trombidiiden: **T r o m b i d i u m** holosericeum, gemeine Erdmilbe, Körper fast viereckig, blutrot; die sechsbeinigen, unter dem Namen Leptus autumnalis bekannten Milbenlarven, die sich auf Rasen, Sträuchern sowie Getreide aufhalten, Menschen und Tiere befallen und an diesen einen Hautausschlag hervorrufen, gehören vielleicht zu Trombidium-Arten. Hydrachniden, Wassermilben: Hydrachna globosa, Körper kugelig, rot; Limnochares holosericea, Körper fast rechteckig, ziegelrot, kriecht umher, kann nicht schwimmen. Atax, an den Kiemen von Muscheln. Ein großes Kontingent der ektoparasitisch lebenden Formen liefern die Gamasiden und Ixodiden (Zecken); zu den ersteren gehören **Dermanyssus avium** auf Vögeln, **Gamasus** coleoptratorum auf Käfern, zu den letzteren Ixodes ricinus,

Fig. 35. Junge Spinne einen Faden „schießend". Aus Cambridge Natural History.

Hundszecke, Argas reflexus in Taubenställen; die genannten Arten gehen mit Ausnahme von Gamasus auch auf Menschen über.

Der Tracheen entbehren, im Gegensatz zu den bis jetzt genannten die Thyroglyphiden, die in Käse (Tyroglyphus siro), Mehl, (T. farinae), Zucker, getrockneten Früchten (Glyciphagus prunorum) usw. leben. Bezüglich der Sarcoptidae, Krätzmilben, sei auf F. v. Wagner, Sammlung Göschen, Bd. 151 verwiesen. Demodex folliculorum, Haarbalgmilbe, verursacht die sogenannten Mitesser. Die Phytoptiden erzeugen Gallen an Pflanzen; Phytoptes vitis an Weinblättern.

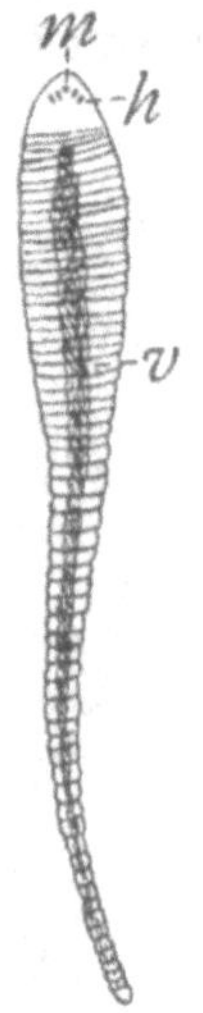

Fig. 36. Linguatula rhinaria, Weibchen. Aus Railliet. v Vagina (Uterus), h Haken, m Mund.

Den Acarinen mögen die in ihrer systematischen Stellung zweifelhaften Linguatulida angeschlossen werden. Die parasitisch lebenden Linguatuliden oder Zungenwürmer (Fig. 36) haben in ihrer Gestalt einige Ähnlichkeit mit den Bandwürmern; der Körper ist langgestreckt, platt oder zylindrisch und geringelt. Extremitäten fehlen; in der Nähe des Vorderendes finden sich auf der Bauchfläche 2 Hakenpaare, vielleicht die Reste von Extremitäten. Der Mund führt in einen den Körper in gerader Richtung durchziehenden Darm, die Analöffnung liegt am hinteren Körperende. Atmungsorgane und Blutgefäße fehlen. Das wenig entwickelte Zentralnervensystem umgibt in Form eines Ringes die Speiseröhre; Hand in Hand mit der parasitischen Lebensweise geht eine Reduktion der Sinnesorgane, als solche werden Papillen in der Nähe des Vorderendes gedeutet. Mächtig entwickelt ist dagegen, wie bei allen parasitisch lebenden Tieren, der Geschlechtsapparat. Die kleineren Männchen, deren Genitalöffnung in der Nähe des Mundes gelegen ist, besitzen 1 oder 2 Hoden und ein kompliziert gebautes Begattungsorgan. Das unpaare, dorsal vom Darme befindliche Ovar ist durch

2 Eileiter mit der langen, zugleich als Uterus dienenden Vagina, die dicht vor dem After ausmündet, verbunden. Wenn sie mit Eiern erfüllt ist, schimmert sie als vielfach gewundener, brauner Schlauch durch die Körperwandung.

Linguatula rhinaria, deren Entwicklung am besten bekannt, lebt in den Stirn- und Nasenhöhlen des Hundes, Wolfes, Fuchses, Pferdes, Schafes usw. Die in den Eiern enthaltenen, mit 2 Krallenpaaren und einem Bohrapparate ausgestatteten Embryonen gelangen mit dem Nasensekrete nach außen und müssen zur weiteren Entwicklung in einen geeigneten (Zwischen-)Wirt, Hase, Kaninchen, Schaf, Rind, Pferd usw. eingeführt werden, gewöhnlich geschieht dies mit der Nahrung. Im Magen dieser Tiere verlassen sie die Eischalen, durchbohren die Darmwand und siedeln sich in der Leber oder im Mesenterium an; sie durchlaufen eine Reihe von Veränderungen und werden zu einer Larvenform, die früher für eine besondere Art gehalten und als Pentastomum denticulatum beschrieben wurde. Diese Larven wandern in den Darm oder in die Trachea und können von hier direkt in die Nasenhöhle gelangen, so daß der Zwischenwirt zum definitiven wird, oder sie werden ausgehustet resp. mit den Exkrementen entleert; Hunde, Füchse usw. vermögen sich durch Aufschnüffeln dieser Larven, eventuell übrigens auch durch den Genuß infizierter Lebern oder Lungen zu infizieren.

Linguatula rhinaria (Pentastomum taenioides), Fig. 36. Männchen 18—20 mm, Weibchen 8—13 cm lang. Larve wie ausgewachsenes Tier wurden auch beim Menschen beobachtet.

Tardigrada, Bärtierchen. Die plumpen, walzenförmigen, nicht segmentierten, ca. 0,3—1 mm langen Tiere besitzen 4 Paare kurzer, stummelförmiger, mit Krallen versehener Beine (Fig. 37). Der Mund ist an der vorderen Körperspitze gelegen und führt in eine kleine Mundhöhle, auf die das Mundrohr folgt, an das sich der Pharynx anschließt. In das Mundrohr resp. die Mundhöhle ragen 2, bei den meisten Arten durch einen Muskelapparat bewegbare Stacheln, mit denen Nahrungskörper angestochen werden können; der Pharynx dient als Pumpapparat beim Aufsaugen der Säfte. Zwei ansehnliche Drüsen, die neben den Stacheln ausmünden, werden als Speicheldrüsen bezeichnet, ihr Sekret ist möglicherweise giftig. Der Pharynx ist durch die Speiseröhre mit dem Mitteldarme verbunden, und dieser steht durch den kurzen Enddarm, in den sich 2, wahrscheinlich als Exkretionsorgane zu deutende Schläuche öffnen, mit der Außenwelt in Kommunikation. Das Zentralnervensystem ist wohlentwickelt, außer den Gehirn- und unteren Schlundganglien sind noch 4 Bauchganglien vorhanden, und überdies ist ein von zahlreichen kleinen Ganglien gebildetes, recht kompliziertes, peripheres Nervensystem nachgewiesen worden. Dem Gehirne aufliegende Pigmentflecke werden als Augen in Anspruch genommen, auch tasterartige Bildungen kommen vor. Besondere Atmungsorgane und ein Blutgefäßsystem fehlen. Die Bärtierchen sind getrennt geschlechtlich; Hoden resp. Ovarien sind nur in der Einzahl vorhanden; sie liegen in der hinteren Körperhälfte, dorsal vom Darme und münden in dessen Endabschnitt. Vornehmlich leben die Tardigraden in feuchtem Moos (Dachrinnen), einige Formen kommen im süßen (**Macrobiotus macronyx**), andere im salzigen Wasser (**Echiniscoides**) zwischen Algen vor. Bekannt ist ihre Fähigkeit, das Aus-

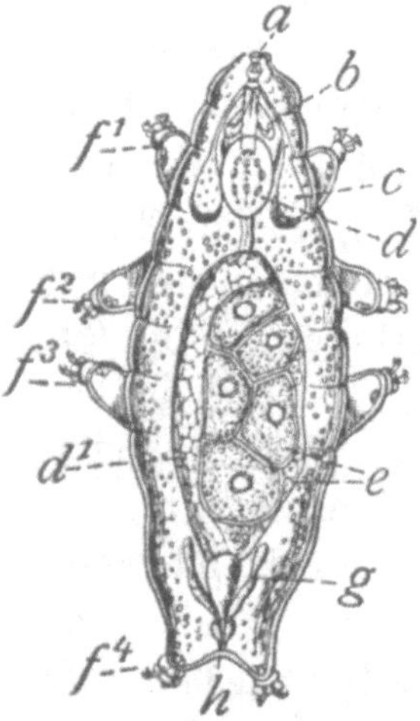

Fig. 87. **Macrobiotus Schultzei**, aus Claus. Nach Greef. a Mund, b Zähne, c Speicheldrüsen, d Saugmagen, d^1 Mitteldarm, e Ovar, f^{1-4} Beine, g Malpighische Gefäße, h After.

trocknen lange Zeit ohne Schaden ertragen zu können, doch gilt dies, wie es scheint, nur für die Moosbewohner. Die Nahrung besteht aus pflanzlichen und tierischen Stoffen, besonders Rädertieren.

Pantopoda, Asselspinnen. Diese eigentümlichen, durchaus marinen Tiere, die in ihrem Habitus in etwas an Spinnen erinnern (Fig. 38), werden von manchen Autoren in Beziehung zu den Spinnen, von anderen zu den Krebsen gebracht. Man pflegt am Körper der Pantopoden 3 Abschnitte zu unterscheiden: Den Schnabel, den Rumpf und das kurze Abdomen. Der Rumpf ist gegliedert und trägt typisch 7 Extremitätenpaare, von denen das vorderste mit Scheren versehen ist und im Gegensatz zu den übrigen vom Gehirne, nicht von den Bauchganglien aus, innerviert wird; die 4 hintersten Beinpaare, die sich stets durch bedeutende Größe auszeichnen, fehlen nie, bei einigen Formen kommen aber beim Weibchen die 3, beim Männchen die 2 vorderen Paare in Wegfall; das 3. Paar dient bei den letzteren stets als Eierträger. Das Abdomen ist kurz und gliedmaßenlos. An der Spitze des Schnabels liegt der Mund; der Darm ist mit langen Blindschläuchen ausgestattelt, die sich in die Extremitäten erstrecken, und auch die seitlich vom Darme gelegenen Geschlechtsdrüsen entsenden Divertikel in dieselben; die Geschlechtsöffnungen liegen bei den Männchen am 2. Gliede des 6. und 7., bei den Weibchen des 4. bis 7. oder nur des 7. Beinpaares. Das im vordersten Teile des Rumpfes be-

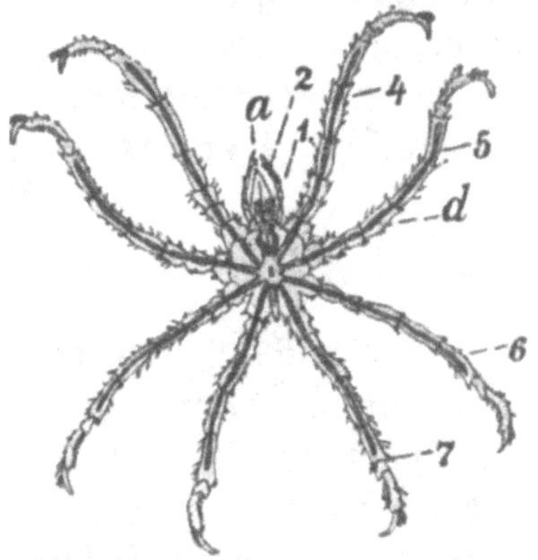

Fig. 38. Ammothea pycnogonoides. Aus Claus. d Darmdivertikel, a Schnabel, 1—7 Extremitäten.

findliche Gehirn entsendet Nerven in den Schnabel, zu den 4 Augen und den vordersten Gliedmaßen, doch erhält der Schnabel auch Nerven aus dem ersten Bauchganglion. Ein Herz ist vorhanden; besondere Respirationsorgane fehlen, vielleicht spielt der Enddarm bei der Atmung eine Rolle. Die Länge des Rumpfes der Pantopoden schwankt im allgemeinen zwischen 1 und 10 mm, doch gibt es auch Riesen unter ihnen, die 8 cm lang werden (Colossensis gigas); die Länge der Beine kann die des Rumpfes um das 6—7fache übertreffen. Pycnogonum; Nymphon; Ammothea.

4. Klasse: Onychophora (Protracheata).

Die Onychophoren, deren Arthropodennatur mit Rücksicht auf zahlreiche Annelidenähnlichkeiten vielfach bestritten wird, bewohnen Neuseeland, Australien, Südafrika, Südamerika und Westindien. Der wurmförmige (Fig. 39), einige Zentimeter lange Körper ist äußerlich, ähnlich dem der Hirudineen, geringelt, die Zahl der Segmente läßt sich nach der Zahl der Beinpaare feststellen; diese schwankt nach den Arten zwischen 14 (Peripatus brevis) und 42 (P. torquatus), doch scheinen ältere Individuen mehr Beinpaare zu besitzen als jüngere. Die ziemlich scharf abgegrenzte Kopfregion trägt 3 Paare von Anhängen, die sich auf Extremitäten zurückführen lassen, es sind dies die Antennen, die krallenförmigen, in der Mundhöhle gelegenen Kiefer und die seitlich am Kopfe befindlichen Oral- oder Schleimpapillen, auf deren Spitze die mächtig entwickelten, bis in die Körpermitte reichenden Schleimdrüsen ausmünden. Rechnen wir hierzu ein primäres Kopfsegment, so beteiligen sich im ganzen 4 Segmente an der Kopfbildung. Unter dem von einer nur dünnen Cuticula bedeckten, papillenreichen Epithel liegt der aus Ring-, Diagonal- und Längsfasern zusammengesetzte Hautmuskelschlauch; in schräger Richtung durchsetzen den Körper Faserzüge, die vornehmlich zu den aus nur 2 Gliedern bestehenden und mit Krallen endigenden Beinen verlaufen; sie sind auf die dorso-ventralen Muskeln der Anneliden zurückzuführen. Alle Muskeln, mit Ausnahme der Kiefermuskeln sind glatt. Der Darm durchzieht als gerades Rohr den Körper; die muskulöse, an die Mundhöhle sich anschließende Partie wird als Pharynx bezeichnet; der Enddarm ist kurz, der After liegt an der hinteren Körperspitze, etwas ventral. Das langgestreckte, in einen Perikardialsinus eingeschlossene Herz ist mit segmental angeordneten Ostien ausgestattet; bei dem Mangel besonderer Blutgefäße dürfte die Blutflüssigkeit direkt aus dem Herzen in die Leibeshöhle gelangen, aus der sie durch die Ostien in dasselbe zurückkehrt; sie hat hierbei Gelegenheit, die Tracheen (modifizierte Hautdrüsen?) zu umspülen, die bündelweise vom Grunde kleiner Hautvertiefungen aus in den Körper vordringen. Die Eingangspforten zu den Grübchen, die Stigmen, sind bei manchen Arten unregelmäßig über die ganze Oberfläche zerstreut, bei anderen bilden sie Reihen. Die segmental angeordneten Exkretionsorgane stimmen in ihrem Baue im wesentlichen mit den Nephridien der Anneliden überein; einen Funktionswechsel haben die des letzten Kopfsegmentes erfahren, sie sind in Speicheldrüsen, die sich in die Mundhöhle öffnen, umgewandelt, und ebenso sind auch die Ausführgänge der Geschlechtsdrüsen und die Analdrüsen der Männchen auf Nephridien zurückzuführen. Jedes Nephridium — abgesehen von den eben erwähnten, speziellen, anderweitigen Leistungen angepaßten — steht mit einem kleinen, dünn-

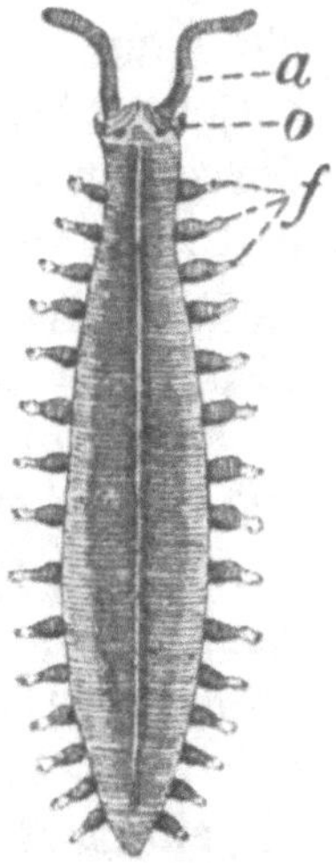

Fig. 39. **Peripatus.** Nach Sedgwick. a Antennen, o Oralpapillen, f Beine.

wandigen Säckchen, dem „Cölomsäckchen" in Verbindung; die Räume der Leibeshöhle, in der die verschiedenen Organe gelegen sind, sind dagegen aus Resten der Furchungshöhle und abgelösten Partien des Cöloms hervorgegangen, sie stellen mithin keine „sekundäre Leibeshöhle" dar. — Außer den Gehirnganglien, von denen die Antennen und Kiefer innerviert werden, kommen als Teile des Zentralnervensystems ein Paar ansehnliche, mit einem Belag von Ganglienzellen versehene Nerven in Betracht, die hinter dem After ineinander übergehen und in jedem Segment durch 9—10 Kommissuren verknüpft sind. Die Antennen scheinen der Sitz eines feinen Tastvermögens zu sein; die beiden Augen sind nach dem Typus der Annelidenaugen gebaut.

Die Onychophoren sind getrenntgeschlechtlich; Männchen und Weibchen besitzen ein Paar Geschlechtsdrüsen gleich den Arthropoden; die Ausführgänge variieren in bezug auf ihre Ausbildung nicht unbedeutend; die unpaare Geschlechtsöffnung liegt dicht vor dem After. Die Eier mancher Arten sind groß, dotterreich, die anderer klein und dotterarm; das ist besonders der Fall bei Peripatus edwardsii, dessen Eier nur 0,04 mm im Durchmesser haben; die Ernährung des sich entwickelnden Embryo wird hier durch das Uterusepithel (Oviduktepithel) vermittelt, und es kommt zur Ausbildung einer veritablen Placenta.

Die lichtscheuen, braun, blaugrau, grünlich gefärbten Tiere halten sich unter Steinen, morschen Hölzern usw. auf und ernähren sich von tierischen Substanzen. P. edwardsii, Südamerika; P. torquatus Trinidad; P. capensis, Südafrika.

5. Klasse: Eutracheata.

1. U.-Kl.: **Myriopoda, Tausendfüßer.** Die Myriopoden, gleich den Skorpionen alte Formen, die schon im roten Sandstein des Devon auftreten, besitzen dank ihrer wurmförmigen Gestalt eine oberflächliche Ähnlichkeit mit den Polychaeten; der gut ausgeprägte „sekundäre" Kopf sowie die wohlgegliederten Extremitäten charakterisieren sie aber schon äußerlich als Arthropoden.

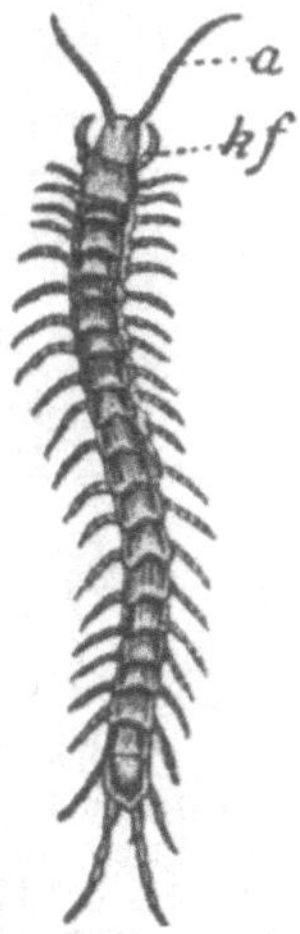

Fig. 40. Scolopendra morsitans. Aus Claus. a Antennen, kf Kieferfuß.

Der Kopf der Chilopoden (Scolopendra, Lithobius), von denen wir ausgehen wollen (Fig. 40), trägt 4 Gliedmaßenpaare, 1 Paar Antennen, 1 Paar Mandibeln und 2 Paar Maxillen, doch ist die Zahl der Rumpfsegmente, die in die Bildung des Kopfes eingehen, wie die Entwicklungsgeschichte zeigt, 6, da vor und hinter dem Antennensegmente noch je ein Segment, das präantennale und das interkalare gelegen sind, beide erleiden aber im Laufe der Entwicklung eine Rückbildung. Der homonom gegliederte Rumpf besteht aus einer nach den Arten verschieden großen Anzahl von Segmenten, bis gegen 200, von denen alle mit Ausnahme des Endsegmentes 1 Gliedmaßenpaar tragen (Fig. 40); das ungemein kräftige, hinter den Maxillen befindliche Beinpaar, die sogenannten Kieferfüße, wird nicht gleich den übrigen zur Lokomotion, sondern zum Fange und zum Töten der Beute verwendet und birgt die auf der Endklaue ausmündende Giftdrüse. Im Habitus schließen sich den Chilopoden die Symphylen (Scolopendrella) an, kleine, nur 2,5—8 mm lange Tierchen, deren Rumpf aus ca. 14 Segmenten besteht, von denen 12 mit wohlentwickelten Gliedmaßen versehen sind. Die Beine zeigen hier, abgesehen von den vordersten, Eigentümlichkeiten, die denen anderer Tausendfüßer nicht vollständig fehlen, aber doch viel weniger markant hervortreten. An der medialen Fläche der Hüfte liegen kleine, ausstülpbare Bläschen, die Coxalsäckchen, deren Bedeutung noch unklar ist, und neben diesen bewegliche, griffelförmige Gebilde, die Hüftsporne (Fig. 41); solche Säckchen und Hüftsporne finden sich auch an dem gliedmaßenlosen Abdomen der primitivsten Insekten, der Apterygota, und lassen den Schluß zu, der auch durch die Entwicklungsgeschichte gestützt wird, daß die Insekten von vielfüßigen Arthropoden, myriopodenartigen Formen, abzuleiten sind. Zwei große zapfenartige Fortsätze am Hinterende von Scolopendrella sind wahrscheinlich als rudimentäre Gliedmaßen zu deuten, und dies gilt auch von zwei kleineren vor ihnen befindlichen (Fig. 41). Auf den ersteren (Fig. 41, sg) münden die Spinndrüsen aus, deren klebriges Sekret von den Tieren auf Reize hin ausgestoßen wird; an der Luft erstarrt dasselbe zu Fäden. Sehr gering ist die Zahl der Rumpfsegmente auch bei den Pauropoden (10 oder 11), die an Größe noch hinter den Symphylen zurückbleiben. Gleich diesen besitzen sie an einem jeden Segmente ein Gliedmaßenpaar. Hierdurch unterscheiden sich die bis jetzt genannten Myriopoden von den Diplopoden (Iulus), die an den meisten Rumpfsegmenten 2 Paare von Gliedmaßen tragen. Diese auf den ersten Blick befremdliche Erscheinung findet ihre Erklärung darin, daß es sich hier um

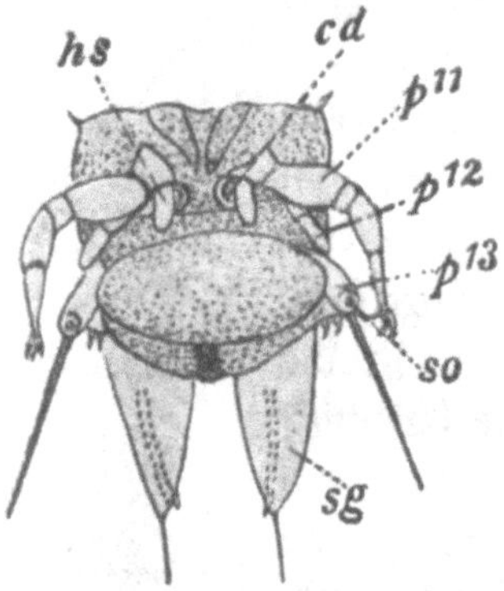

Fig. 41. Scolopendrella immaculata, Endteil des Rumpfes, aus Lang. Nach Latzel. p^{11} 11., p^{12} 12. unentwickeltes, p^{13} 13. modifiziertes, mit einem Sinnesorgane (so) versehenes Beinpaar, cd Coxaldrüse, hs Hüftsporn, sg Spinngriffel.

Doppelsegmente handelt, wie das Vorhandensein zweier Ganglienpaare, zweier Cölomsäckchenpaare auf das deutlichste zeigt. Die Anzahl der Beinpaare variiert bei den Diplopoden zwischen etwa 13 (Polyxenus) und weit über 100 (Iulus). Die Zahl der Segmente, die in die Kopfbildung eingehen, ist für die drei letztgenannten Gruppen noch nicht festgestellt, jedenfalls dürfte bei den Pauropoden und Diplopoden ein Segment weniger vorhanden sein als bei den Chilopoden, da nur 1 Paar Maxillen sich vorfindet.

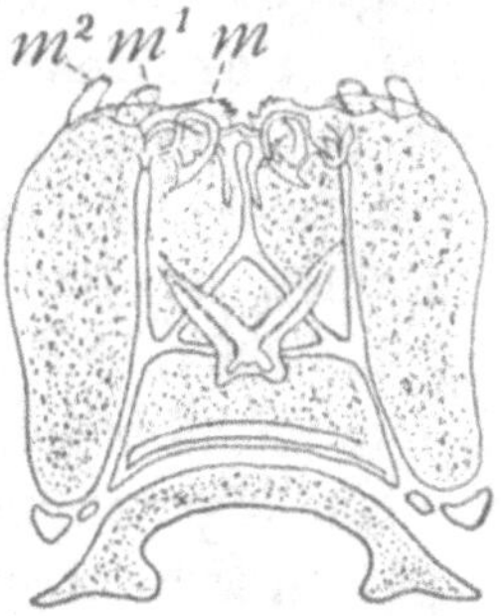

Fig. 42. Gnathochilarium von Lysiopetalum carinatum. Nach vom Rath. m, m¹, m² Kauladen.

Die an ihrer freien Fläche mit Zähnen und starken Borsten, den Wimperkämmen, versehenen Mandibeln (Oberkiefer) der Tausendfüßer bestehen aus mehreren Stücken und unterscheiden sich hierdurch, wenigstens im ausgebildeten Zustande, von den einfacher gebauten der Insekten mit beißenden und kauenden Mundwerkzeugen nicht unbedeutend; an den Maxillen der Chilopoden ist eine Kaulade und ein mehrgliederiger Taster zu unterscheiden; dieser ist kurz und breit an den vorderen, lang und beinartig an den hinteren Maxillen. Ein sehr kompliziertes, im allgemeinen plattenförmiges Gebilde stellt die Maxille oder das Gnathochilarium der Diplopoden dar; es besteht aus einer Anzahl symmetrisch angeordneter Platten, von denen die sogenannten Laden (Fig. 42) überaus reich an Sinneszellen sind.

Die den Körper bedeckende Cuticula ist bei den meisten Myriopoden von nicht geringer Dicke und Festigkeit, besonders reich an Kalksalzen ist die der Diplopoden. Meist ist eine deutliche Differenzierung der Cuticula in Rücken- und Bauchplatten, die durch die weicheren „Pleuren" verbunden sind, erkennbar; die Verschiedenheit der Form der Rückenplatten, die bei den Diplopoden fast ringförmig den Körper umgeben, beeinflußt bis zu einem gewissen Grade die Form des Körpers und auch die Insertion der Beine, die bei den genannten der Medianlinie außerordentlich genähert sind. Der Myriopodenkörper ist ungemein reich an Drüsen, die an den Extremitäten sowie am Stamme ausmünden und im allgemeinen als Hautdrüsen bezeichnet werden. Zu ihnen zählen die Wehr- oder Stinkdrüsen der Diplopoden, deren stark riechende oder direkt giftige Sekrete (blausäurehaltig sollen z. B. die von Fontaria (Paradesmus) gracilis und virginica sein) der Verteidigung dienen; die Mündungen dieser Drüsen, die Foramina repugnatoria oder F. odorifera, wurden lange Zeit für Stigmen gehalten. Zu den Hautdrüsen gehören fernerhin die Spinndrüsen, die Giftdrüsen der Maxillarfüße sowie die teils in die Mundhöhle, teils an den Mundwerkzeugen ausmündenden sogenannten „Speichel-" oder Kopfdrüsen der Chilopoden. Ein intensiv phosphoreszierendes Sekret scheiden die an der Bauchfläche gelegenen Drüsen einiger Geophilus-Arten (G. electricus, G. phosphoreus) ab. — Der Verdauungskanal durchzieht zumeist als gerades Rohr den Körper; der Mitteldarm, der weitaus ansehnlichste Teil, ist mit kleinen Divertikeln, den sogenannten Leberschläuchen, besetzt, deren Zellen gleich denen des Mitteldarmes selbst eine gelblichbraune Flüssigkeit sezernieren, die die Nahrungsstoffe löst und resorbierbar macht; die Resorption besorgen ebenfalls die Zellen des Mitteldarms. Die Chilopoden sind gewaltige Räuber, die sich hauptsächlich von Spinnen, Insekten und Würmern nähren, die Diplopoden hingegen nehmen pflanzliche und in Zersetzung begriffene Stoffe auf. Die Ausscheidung der Stoffwechselprodukte erfolgt in erster Linie durch 2 oder 4 ungemein lange, den Darm umwindende Malpighische Gefäße, in denen von mehreren Untersuchern harnsaure Salze nachgewiesen wurden; in die Leibeshöhle injizierte Substanzen, wie z. B. indigschwefelsaures Natron, werden ebenfalls von ihnen eliminiert; exkretorische Funktionen kommen aber auch Zellensträngen zu, die sich in der Umgebung der Malpighischen Gefäße, der ventralen Blutgefäße und der Kopfdrüsen vorfinden; man hat diese Stränge auch als Lymphstränge und die sie bildenden Zellen als „cellules à carminate“ bezeichnet, da sie in die Leibeshöhle eingeführtes karminsaures Ammon aufnehmen; entwicklungsgeschichtlich ist ihre Abkunft von Teilen der Cölomsäckchen erwiesen, und sie dürften den Nephridien von Peripatus zu homologisieren sein.

Das über dem Darm gelegene und in einen Perikardialsinus eingeschlossene Herz, das nur den Pauropoden zu fehlen scheint, zeigt eine der Segmentierung des Körpers entsprechende Abteilung in Kammern, deren jede mit einem Ostienpaare versehen ist und ein Paar Gefäße abgibt. Aus der vorderen Kammer entspringen die Kopfarterie und bei den Chilopoden wenigstens 2 den Oesophagus umgebende Gefäßschlingen, die die Verbindung mit einem über dem Bauchmarke befindlichen Gefäße herstellen, das ebenfalls Seitengefäße entsendet. Das Blut, eine farblose oder leicht gelbliche Flüssigkeit, in der amöboide Zellen enthalten sind, strömt im Herzen von hinten nach vorn, dann aus den Enden der Arterien in die Leibeshöhle und von hier in den Perikardialsinus. Für die Zufuhr von Sauerstoff sorgen, mit Ausnahme der Pauropoden, denen Respirationsorgane fehlen, Tracheen, deren Anordnung in den verschiedenen Gruppen nicht unwesentliche Modifikationen zeigt. Die einfachsten Verhältnisse bieten die Diplopoden, bei denen jedes Rumpfsegment so viele Stigmen- als Beinpaare besitzt, während bei den Chilopoden die Zahl der Stigmenpaare bedeutend reduziert erscheint; nur zwei, merkwürdigerweise am Kopf befindliche Stigmen hat Scolopendrella. Diese Eingangspforten in die Tracheen liegen, von *Scutigera* abgesehen, an den lateralen (Chilopoden) oder ventralen (Diplopoden) Partien des Körpers, bei *Scutigera* hingegen in der Mitte des Rückens. Bei der letztgenannten Form und den Diplopoden bilden die Tracheen Büschel, die mit denjenigen anderer Segmente nicht anastomosieren, bei den Chilopoden dagegen sind die Luftröhren reich verzweigt und stehen mit denen der benachbarten Segmente und der anderen Seite in Verbindung; es liegen hier mithin ganz ähnliche Verhältnisse vor, wie wir sie bei den Insekten vorfinden.

Das Gehirn bildet äußerlich eine einheitliche Masse, aus der die Nerven vornehmlich für die Antennen, die Augen und die Tömösvaryschen Organe hervorgehen; die Ganglien des Bauchmarkes sind im allgemeinen scharf markiert, die der 2 oder 3 vordersten Segmente verschmelzen zu einem größeren Ganglion. In Verbindung mit dem Gehirne steht ein sympathisches Nervensystem, das Beziehung zum Darme hat.

An den verschiedensten Stellen des Körpers, besonders an den Antennen, den Mundwerkzeugen und Füßen sind Sinneszellen oder Gruppen von solchen in reicher Zahl vorhanden; sie stehen mit einfach haarartigen oder mit kegel- und zapfenförmigen Gebilden in Verbindung; die ersteren können wir als Tasthaare bezeichnen, die letzteren dürften den chemischen Sinnen — Geruch und Geschmack — dienen. An den seitlichen Partien des Kopfes liegen bei den meisten Myriopoden Haufen einfacher Augen (Ocellen); *Scutigera* besitzt 1 Paar Komplexaugen, deren große Übereinstimmung mit denen gewisser Apterygoten (*Lepisma*) bemerkenswert ist, insofern da wie dort die Sehzellen in jeder Retinula in 2 übereinanderliegenden Schichten angeordnet sind. Die Ocellen sind von fast zylindrischer Gestalt; die lichtperzipierenden Zellen bilden die Wandung des Bechers oder Zylinders, der distal durch eine mehr weniger ansehnliche linsenartige Verdickung der Cuticula abgeschlossen wird. Unbekannt ist die Bedeutung der Tömösvaryschen Organe, der sogenannten Schläfengruben, die zwischen den Augen und den Antennen gelegen sind; der Entdecker des Organs meint, daß es vielleicht die Empfindung physikalischer Veränderungen, so des Luftdruckes, des atmosphärischen Wassergehaltes usw. vermittle.

Die Tausendfüßer sind durchaus getrenntgeschlechtlich. Die der Anlage nach stets in einem Paar vorhandenen Gonaden liegen bei den Chilopoden dorsal, bei den Diplopoden ventral vom Darme; eine mehr seitliche Situation in bezug auf diesen haben sie bei den Symphylen, während bei den Pauropoden die Hoden über, die Ovarien unter dem Darme gelegen sind. Die Ausführgänge, Ei- resp. Samenleiter, lassen die ursprüngliche Duplizität häufig noch erkennen, doch treten auch hier nicht selten mehr weniger weitgehende Verschmelzungen auf. Am vorletzten Rumpfsegmente liegt die einfache Geschlechtsöffnung der Chilopoden, weit nach vorn verschoben sind die Genitalporen bei den Diplopoden, Pauropoden und Symphylen. Die Übertragung des Spermas erfolgt bei den Diplopoden durch die sehr verschiedenartig gestalteten sogenannten „Kopulationsfüße", in die zumeist 1 Paar der Extremitäten des 7. Segmentes umgewandelt ist, und zwar auch dann, wenn, wie bei den Juliden, Penes vorhanden sind; doch scheinen diese nur dann eine Rolle zu spielen, wenn Kopulationsfüße fehlen (Polyxeniden); ein unpaares besonderes Kopulationsorgan besitzen die Chilopoden.

Die Chilopodenweibchen rollen sich spiralig um ihre in ein Erdloch abgelegten Eierhaufen und beschützen sie bis zum Ausschlüpfen der Jungen; besondere glockenförmige Nester aus Erde bauen dagegen die der Diplopoden.

Man teilt gewöhnlich die Myriopoden, durchaus scheue, nächtliche Tiere, die unter Steinen, Laub und Holzstücken leben, in folgende 4 Ordnungen:

1. O.: **Diplopoda, Chilognatha.** Körper meist zylindrisch, selten abgeplattet; Zahl der Rumpfsegmente variabel; nur die vordersten 4 Segmente sind einfache, nicht Doppelsegmente, und eines derselben entbehrt stets der Gliedmaßen; Antennen 7—8 gliederig; ein Paar Mandibeln und ein Paar Maxillen (Gnathochilarium) Die paarigen Genitalöffnungen liegen zwischen dem 2. und 3. Beinpaare; ein Beinpaar, gewöhnlich des 7. Segments, ist in Kopulationsfüße umgewandelt. Julus, Glomeris, Fontaria, Polyxenus.

2. O.: **Pauropoda.** Körper von nur geringer Größe mit 9 Beinpaaren. Die Antennen bestehen aus einem viergliederigen Schafte, dem 3 Geißeln und ein birnförmiger Körper von unbekannter Bedeutung angefügt sind. Die unpaare Genitalöffnung liegt an der Basis des 2. Beinpaares. 1 Paar Mandibeln und Maxillen. Pauropus.

3. O.: **Symphyla.** Körper klein, mit 12 wohlausgebildeten Beinpaaren und einem Paare von Spinngriffeln. Antennen vielgliederig. Ein (?) Paar Maxillen. Genitalporus unpaar, am 4. Rumpfsegmente. Scolopendrella.

4. O.: **Chilopoda.** Körper meist dorso-ventral abgeplattet; Antennen vielgliederig; 2 Paare von Maxillen; das erste Fußpaar in Kieferfüße umgewandelt. Genitalöffnung unpaar, am vorletzten Segmente. Scolopendra, Lithobius, Geophilus, Scutigera (Cermatia).

2. U.-Kl.: **Hexapoda, Insekten***).

Kreis: Mollusca, Weichtiere.

Die Mollusken sind im Gegensatz zu den Arthropoden und Anneliden ungegliederte Tiere, die gestaltlich mannigfache Verschiedenheiten aufweisen; man vergegenwärtige sich einen Tintenfisch (Fig. 43), eine Schnecke (Fig. 44), eine Muschel als Vertreter der Hauptgruppen und ziehe zum weiteren Vergleich die wurmförmigen Solenogastres (Fig. 70) heran. Aber auch innerhalb der größeren Abteilungen, vor

*) Die Insekten werden in einem besonderen Bändchen behandelt werden.

allem in der der Schnecken, sind ganz auffällige Differenzen hinsichtlich des Exterieurs zu konstatieren, ich verweise da zunächst auf die Fig. 44, 45, 46, 47, in denen Vertreter unserer gewöhnlichen Schnecken, der marinen Nudibranchier, der Flügel- und Kielschnecken abgebildet sind. Wie in der Form, so ergeben sich auch im Baue wesentliche Unterschiede zwischen den Amphineuren, Gastropoden (Schnecken), Scaphopoden, Lamellibranchiern (Muscheln) und Cephalopoden (Tintenfische).

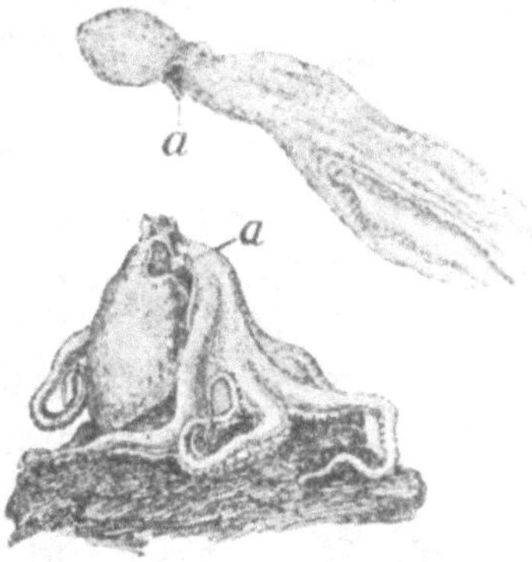

Fig. 43. Octopus vulgaris in schwimmender und sitzender Stellung, nach Merculiano. Aus Lang. a Trichter.

Am Körper der Mollusken unterscheiden wir zunächst eine Kopf- und Rumpfregion. Bei den Cephalopoden ist der Kopf scharf vom Rumpfe getrennt, weniger markant ist die Sonderung bei den Schnecken, Amphineuren sowie Scaphopoden und vollständig verwischt erscheint sie bei den Muscheln; der Name „Acephala, Kopflose" ist für die Lamellibranchier nicht übel gewählt. Am Rumpfe sind zwei Bildungen von besonderem Einflusse hinsichtlich der Gesamterscheinung, der Fuß und die Mantel-

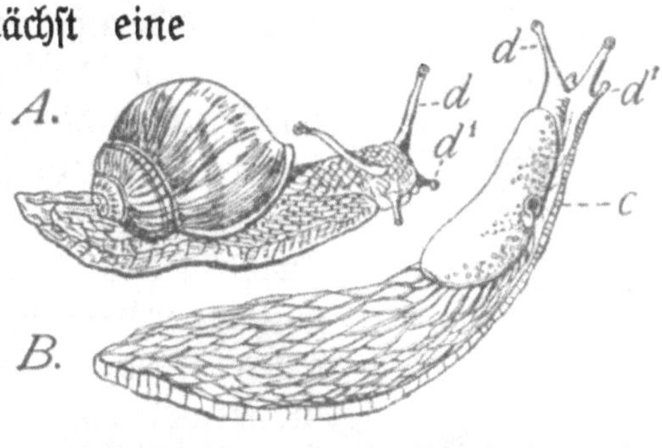

Fig. 44. Helix pomatia (A), Arion ater (B), nach Lankester. Aus Lang. c Atemloch, d, d¹ Fühler.

Fig. 45. Aeolis rufibranchialis, nach Alder und Hancock. Aus Lang. a Auge, b, c Tentakel, d Rückenanhänge.

falte. Der ungemein muskulöse Fuß bildet ursprünglich an der Ventralseite des Rumpfes eine dicke, breite Kriechsohle, wie wir eine solche bei vielen Schnecken z. B. der Weinbergschnecke (Fig. 44, A) vorfinden; bei anderen Gastropoden (Hetero- und Pteropoden) ist er in ein flossenartiges Gebilde umgeformt (Fig. 47, 46); eine beil- oder fingerartige Form, die ihn zum Wühlen und Kriechen im Sande und Schlamme geeignet macht, besitzt er bei den Muscheln (Fig. 48) und Scaphopoden (Fig. 49). Die auffälligsten Veränderungen dieses Organs treffen wir bei den Tintenfischen an; bei diesen ist eine Sonderung des Fußes in 2 Abschnitte eingetreten; der eine stellt den sogenannten Trichter dar (Fig. 43, 50), durch den das in der Atemhöhle befindliche Wasser mit großer Kraft ausgespritzt werden kann, wodurch das Tier durch Rückstoß mit der hinteren Körperspitze voran durch das Wasser getrieben wird, während der andere in die Arme umgewandelt ist, die für Kriechbewegungen in Betracht kommen, vornehmlich aber zum Ergreifen der Beute dienen.

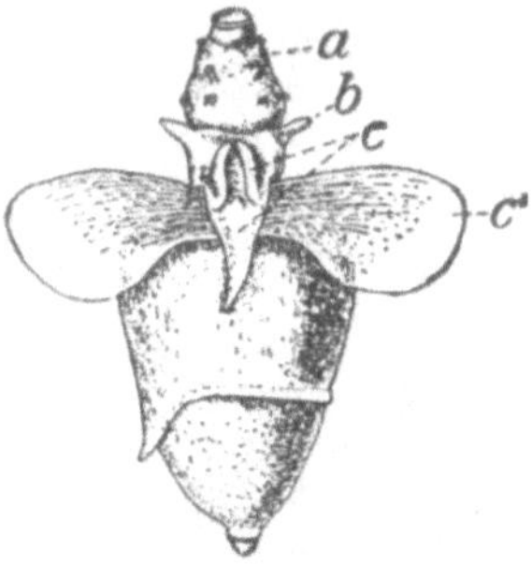

Fig. 46. Dexiobranchaea, nach Pelseneer. Aus Lang. a Rüssel mit Saugnäpfen, b Tentakel, c Fuß, c[1] Flosse (Parapodium).

Fig. 47. Atlanta. Aus Lang. a Kopf mit Fühlern und Augen, b Schnauze, c Vorderfuß mit flossenartigem Anhange c[2], c[1] Hinterfuß mit Deckel d.

Die Mantelfalte ist eine von der Rückenfläche der Tiere ausgehende, paarige oder unpaare Hautfalte, die den Körper in größerer oder geringerer Ausdehnung umhüllt. Am einfachsten gestaltet ist der Mantel der Muscheln; er besteht hier aus 2 großen, blattartigen Falten, die dicht neben der Medianlinie auf der Rückenfläche entspringen und an den Seiten des Körpers herabhängen; ihre Form wird von den beiden Schalenhälften wiederholt. Eine vollständige Verwachsung der unteren (ventralen) Mantelränder in ganzer Ausdehnung führt zu der Mantelform, die den Scaphopoden eigentümlich ist (Fig. 49), und tatsächlich geht hier auch der Mantel aus der Verwachsung zweier Falten, die denen der Muscheln ähneln,

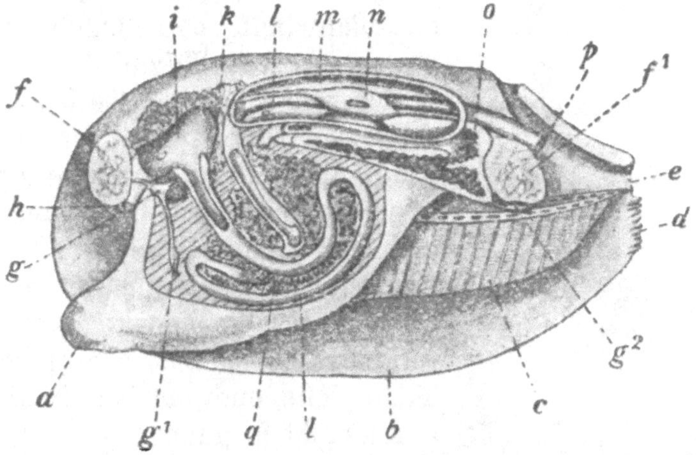

Fig. 48. **Anodonta cygnea**, nach Parker-Haswell. Aus Lang. a Fuß, b Mantel, c Kieme, d Einfuhr-, e Ausfuhröffnung, f vorderer, f^1 hinterer Schließmuskel der Schale, g Cerebropleuralganglion, g^1 Pedalganglion, g^2 Visceralganglion, h Mund, i Magen, k Mitteldarmdrüse, l Darm, m Perikard, n Herz, o Niere, p After, q Gonade.

hervor. Als ein unpaarer, kragenartiger Saum, der in einiger Entfernung von der Rückenmitte entspringt, umsäumt die Mantelfalte den Rumpf der Gastropoden; wir treffen allerdings hier überaus zahlreiche Modifikationen dieses ursprünglich einfachen Verhaltens, das sich bei gewissen Prosobranchiern (Fissureliden) erhalten hat, an; wir begegnen Verschiebungen des Mantels nach einer Seite hin, Verwachsungen der Mantelränder mit der Körperwand bis auf einen kleinen Spalt, das Atemloch (Pulmonaten); es kann auch zu einer vollständigen Rückbildung des Mantels, die natürlich Hand in Hand mit anderweitigen Veränderungen geht, kommen (manche Nudibranchier). Die Cephalopoden schließen sich an die Gastropoden an, da bei ihnen die Mantelfalte ebenfalls eine unpaare Bildung ist, die am Embryo nahe der Rückenspitze ihren Ursprung nimmt und kragenartig den Körper umgibt; entgegen aber dem Verhalten der Gastropoden, bei denen die Mantelfalte vornehmlich an der Vorderseite des Rumpfes entwickelt ist, sehen wir, daß dieselbe beim ausgebildeten Tintenfisch an der hinteren Fläche größer ist, und dementsprechend ist die von ihr umschlossene Höhle allda auch ansehnlicher (Fig. 50). Bei den Chitonen oder Käferschnecken aus der Gruppe der Amphineuren, den ursprünglichsten Mollusken, setzt sich die Mantelfalte auch auf den Kopf fort und umgibt so saumartig den ganzen Körper (Fig. 59). Der Raum, der von der Mantelfalte einerseits, dem Fuße oder Rumpfe andererseits begrenzt wird, führt den Namen Mantel- oder Atemhöhle; die letztere Bezeichnung ist insofern sehr berechtigt, als in diesem Raume die Respirationsorgane gelegen sind, außerdem münden in ihn der Enddarm sowie die Exkretions- und Geschlechtsorgane; die Genitalporen können allerdings (viele Gastropoden) eine Verlagerung erfahren.

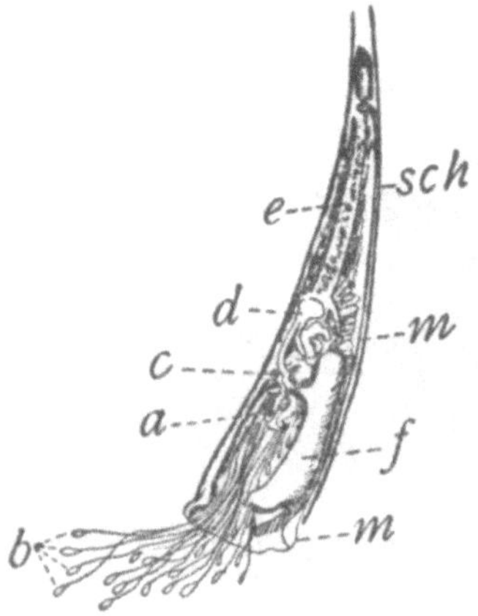

Fig. 49. Dentalium, Längsschnitt. Nach Grobben. a Mundkegel (Schnauze), b Captacula, c Gehirn, d Darm, e Gonade, f Fuß, m Mantel, sch Schale.

Der Molluskenkörper entbehrt eines äußeren, cuticularen Skelettes, desgleichen fehlt ihm auch ein inneres Stützskelett, und nur bei den Cephalopoden ist das Zentralnervensystem von einer festen, knorpelartigen Kapsel umgeben. Der Mangel eines schützenden Außenskeletts wird bei einer sehr großen Zahl von Weichtieren durch die Schale kompensiert, die ein Abscheidungsprodukt des Mantelepithels ist, d. h. des Epithels, das die Außenfläche der Mantelfalten und der Rückenfläche bedeckt, soweit dieselbe von den Mantelfalten umsäumt wird. Diese innigen Beziehungen zwischen Mantel und Schale sind unschwer bei den Lamellibranchieren, Scaphopoden sowie zahlreichen Gastropoden zu erkennen, und es steht bei den letzteren die Rückbildung der Schale vielfach in deutlicher Beziehung zur geringen Größe des Mantels resp. der Mantelfalten, die vornehmlich an der Schalenbildung beteiligt sind (Daudebardia, Testacella, Limax unter den Lungenschnecken usw.). Unter den Cephalopoden sind nur wenige Formen mit einer wohlentwickelten Schale versehen (Nautilus, Spirula), bei den meisten rezenten Formen ist dieselbe rudimentär geworden und in den Mantel eingeschlossen (Fig. 50, i). Die Chitoniden unter den Amphineuren zeigen insofern ein eigentümliches Verhalten, als bei ihnen die Schale aus 8 hintereinandergelegenen isolierten Stücken besteht (Fig. 51), geschwunden ist sie bei den übrigen, den Solenogastres.

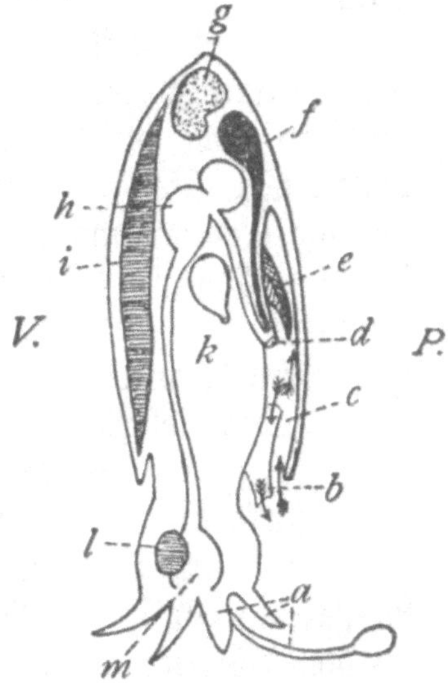

Fig. 50. Sepia, in der Medianebene durchschnitten. Aus Lang. a Arme, b Trichter, c Mantelhöhle, d After, e Kieme, f Tintenbeutel, g Gonade, h Magen, i Schale, l Auge, m Pharynx, V vordere, P hintere Fläche des Rückens.

Schnitte durch Schalen lehren, daß dieselben aus mehreren, strukturell verschiedenen Schichten bestehen. Wir unterscheiden bei den Lamellibranchieren, die uns als Beispiel dienen mögen, deren drei: Die äußerste, Epidermis, Cuticula, Periostracum genannt, ist von geringer Dicke und besteht nur aus organischer Substanz (Conchin); auf sie folgt die meist aus kleinen, senkrecht zur Oberfläche gestellten Säulchen bestehende Prismen- oder Porzellanschichte, an die sich dann die dritte, eine blätterige Struktur aufweisende Perlmutterschichte, deren schillernder Glanz auf Interferenzerscheinungen beruht, anschließt; die Hauptmasse der beiden letzten Schichten wird von kohlensaurem Kalk gebildet, dem geringe Mengen phosphorsauren Kalkes beigemengt sind; beide sind an Conchin (Conchiolin) als organische Grundlage gebunden. Die Bildung der Epidermis und Prismenschichte geht vom Mantelrande aus, die Perlmutterschicht wird dagegen vom gesamten Mantelepithel abgesondert. Mit dem fortschreitenden Wachstum des Tieres vergrößert sich auch die Schale und zwar durch Anfügen neuer Schalensubstanz am Schalenrande (Zuwachsstreifen); durch Auflagerung neuer Massen an der Innenfläche wird die Dicke verstärkt. Es möge an dieser Stelle mit einigen Worten auch der Entstehung der Perlen gedacht sein, die von einer nicht geringen Anzahl von Muscheln erzeugt werden, aber nur die gewisser Formen finden als Schmuckgegenstände Verwendung. Am genauesten ist die Perlenbildung von Mytilus edulis bekannt geworden: Die Perlen entstehen nicht, wie man früher meinte, zwischen dem Mantel und der Schale, sondern in den Mantelfalten selbst, und zwar geben zur ihrer Bildung Parasiten Anlaß, in unserem Falle die Cercarien (Bd. I, S. 99) von Distomum somateriae aus der Eiderente, die in den Mantel eindringen. Die Cercarien werden von Zellen umgeben, die um den Parasiten in konzentrischen Schichten Conchiolin absondern, in das, wie in der Perlmutterschichte, Kalk abgelagert wird; der Parasit selbst stirbt ab, verkalkt ebenfalls und bildet so das Zentrum der Perle. Zuweilen liegt die Perle sehr nahe der Außenfläche des Mantels und kommt in Berührung mit der Innenfläche der Schale, dann kann natürlich eine Verwachsung eintreten.

Den Schneckenschalen fehlt zuweilen die äußerste sowie die innerste der genannten Schichten und die mittlere zeigt häufig erhebliche Abweichungen von dem Verhalten, das die Muscheln bieten.

Zur Orientierung über den inneren Bau der Mollusken werden wir mit Vorteil von den Chitoniden ausgehen. Bei diesen liegt auf der Ventralfläche des Kopfes, der durch eine Furche vom Rumpfe bzw. Fuße getrennt ist, die Mundöffnung; sie führt in die Mundhöhle, an die sich der Pharynx — auch Buccalmasse, Schlundkopf, genannt — anschließt. Die Wand des etwa tonnenförmigen Pharynx ist sehr muskulös, und von besonderer Dicke ist die ventrale Partie, die wulstartig in das Lumen des Schlundkopfes vorspringt und von einer mit Zähnchen besetzten, chitinigen Membran, der Radula oder Reibplatte, bedeckt wird. Die Radula setzt sich in eine röhrenförmige, mehr weniger lange, blind endende Partie, die Radulascheide oder -tasche fort (vgl. Fig. 52), in der die Bildungsstätte der Radula gelegen ist; hier wird fortwährend für einen Ersatz der sich abnutzenden vorderen Radulapartien gesorgt. Wir können die Radula mit einer Raspel vergleichen, mit Hilfe deren pflanzliche oder auch tierische Substanzen ab- und zerrieben oder zerstückt werden; zuweilen dienen auch die kräftigen Radulazähne zum Erfassen der Beute (Heteropoden). Die Zähne sind in Längs- und Querreihen angeordnet, und es lassen sich im allgemeinen in jeder Querreihe nach der Form der Zähne 3 Sorten unterscheiden; der mittlere Zahn der Reihe heißt Rhachis- oder Zentralzahn, die seitlich von diesem gelegenen sind die Lateralzähne und an diese schließen sich die Marginalzähne an (Fig. 52); mit Rücksicht auf die systematische Wichtigkeit der Zahl dieser verschiedenartig gestalteten Zähne hat man Zahnformeln aufgestellt, die allerdings etwas verschieden geschrieben werden; in einfacher Darstellung lautet die Zahnformel für Chiton z. B. 6 + 2 + 1 + 2 + 6, d. h. es sind jederseits vom Mittelzahne 2 laterale und 6 marginale Zähne vorhanden; da nun die lateralen und marginalen Zähne unter sich gewisse Verschiedenheiten — Zahl und Form der Spitzen z. B. — aufweisen können, lassen sich Untergruppen bilden, wodurch die Formel natürlich komplizierter wird. Mit dem Pharynx stehen bei Chiton 1 Paar Drüsen in Verbindung, die als Speicheldrüsen bezeichnet werden, doch ist über ihre physiologische Bedeutung nichts bekannt; dagegen wissen wir, daß die bei dieser Form vorhandenen beiden Drüsen, die sogenannten Zuckerdrüsen, die sich in den nächstfolgenden Abschnitt, den Oesophagus, öffnen, Stärke in Zucker überführen. Auf die Speiseröhre folgt der sackförmige Magen, und auf diesen der lange, vielfach gewundene Dünndarm; der Enddarm mündet am hinteren Körperende in die Mantelhöhle. An der Grenze vom Magen und Dünndarm nimmt der erstere die Ausführgänge zweier Drüsen auf, die bei den Weichtieren bald Leber, Hepatopankreas oder Mitteldarmdrüse genannt werden und im vorliegenden Falle (Chiton) ein Eiweiß verdauendes Sekret liefern.

Fig. 51. Chiton, Habitusbild, nach Brêtre. Aus Lang.

Der Verdauungsapparat der Scaphopoden, Gastropoden und Cephalopoden schließt sich in den Grundzügen des Baues an den der Chitonen an; besonders hervorzuheben ist bei allen diesen Formen das Vorhandensein eines Pharynx, an dessen Eingangspforte zumeist chitinige Kieferbildungen sich vorfinden, die am gewaltigsten bei den Cephalopoden ausgebildet sind; sie besitzen bei diesen die Gestalt eines umgekehrten Papageischnabels, und mit ihrer Hilfe vermögen die Tintenfische sehr harte Gegenstände — Knochen z. B. — zu durchnagen. Eine Radula, dieses für die Mollusken ungemein charakteristische Gebilde, ist fast stets vorhanden, doch gibt es eine kleine Zahl von Gastropoden (Tethys, Doriopsis, Doridium usw.) und Cephalopoden (Cirrhoteuthis) bei denen sie in Wegfall gekommen oder verkümmert ist. Die Länge und Breite der Radula, die Größe, Gestalt und Zahl ihrer Zähne unterliegen sehr großen Schwankungen und stehen in Beziehung zur Art der Nahrung.

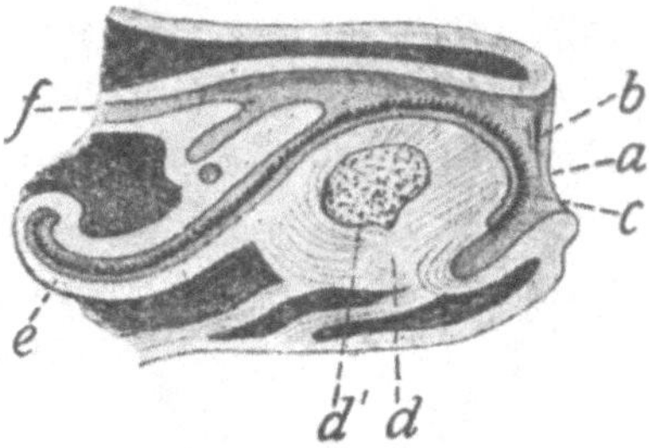

Fig. 52. Längsschnitt durch die Schnauze eines Prosobranchiers. Aus Lang. a Mund, b Kiefer, c Radula, d Zungenwulst, d' Zungenknorpel, e Radulascheide, f Oesophagus.

Die Pflanzenfresser besitzen zumeist zahlreiche aber kleine Zähne, größer, im allgemeinen aber weniger zahlreich sind dieselben bei den von animalischer Kost lebenden Formen, doch spielt hierbei auch das Vorhandensein oder Fehlen eines sogenannten „Rüssels" in der Gruppe der Prosobranchier eine Rolle; bei wohl entwickeltem Rüssel sind Pharynx sowie Radula nur wenig ausgebildet, stark im anderen Falle. Die Bildung eines „Rüssels" kommt dadurch zustande, daß die vor den Tentakeln gelegene Partie des Kopfes, die Schnauze, zu einem ansehnlichen Rohr auswächst, dessen vorderer Teil im Ruhezustande in den hinteren eingestülpt oder zurückgezogen ist, im Momente der Tätigkeit aber vorgestoßen wird.

Fig. 53. Cyclostoma elegans, nach Claparède. Aus Lang. Eine Querreihe der Radulazähne.

Es gibt eine ganze Anzahl von Modifikationen bei diesen Rüsselbildungen, auf die hier nicht weiter eingegangen werden kann.

Das Sekret, das von den in ein oder zwei Paaren vorhandenen Speicheldrüsen (Fig. 54) produziert wird, soll bei einigen Gastropoden (Patella) eine verdauende und zwar Stärke in Zucker umwandelnde Wirkung besitzen, bei anderen dagegen dient es allem Anscheine nach zur Zerstörung der Kalkskelette der Echinodermen resp. der Schale anderer Molluskenund ist dementsprechend reich an Säuren; bei Dolium galea wurde freie Schwefelsäure, bei Tritonium nodosum Asparaginsäure in demselben nachgewiesen. Eine intensive Giftwirkung besitzt das Speicheldrüsensekret mancher Cephalopoden; das der hinteren Speicheldrüsen von Octopus z. B. tötet Krebse ungemein rasch, wenn es in die Leibeshöhle derselben gebracht wird, etwas langsamer, wenn es auf die Kiemen getropft wird.

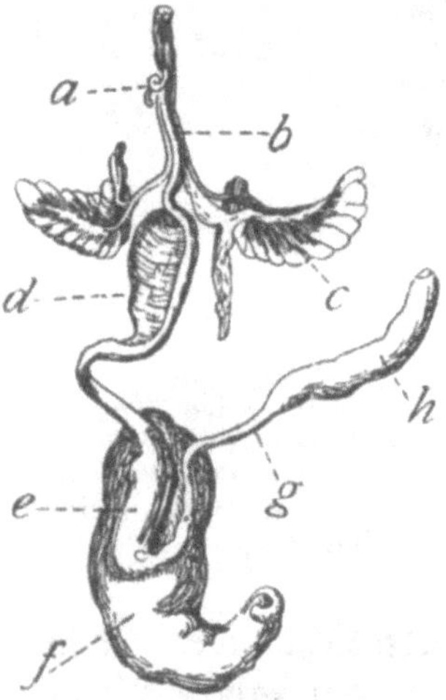

Fig. 54. Verdauungsapparat von Ranella, nach Haller. Aus Lang. a Radulascheide, b Oesophagus, c Speicheldrüsen, d Kropf, e Magen, f Mitteldarmdrüse, g Darm, h Enddarm.

Die Speiseröhre, deren Länge bei den Gastropoden außerordentlich variiert, ist zuweilen mit kropfartigen Erweiterungen versehen (Fig. 54) und steht nicht selten mit besonderen Drüsen in Verbindung, deren Sekret ebenfalls giftige Eigenschaften besitzen kann (Toxiglossen). Kröpfe treffen wir auch bei den gefräßigen Octopoden an, und von verhältnismäßig kolossaler Größe ist der Kropf von Nautilus. Eine scharfe Grenze zwischen Speiseröhre und Magen ist häufig schwer zu ziehen; als Magen bezeichnet man allgemein den Teil des Darmes, in den die Mitteldarmdrüsen münden; bei manchen marinen Schnecken ist der Magen mit chitinigen Platten und Zähnen ausgestattet und stellt eine Art Kaumagen dar.

Ursprünglich sind bei den Gastropoden wie bei den Chitonen 2 Mitteldarmdrüsen vorhanden, häufig verkümmert eine derselben. Die Drüse selbst ist entweder einfach kompakt oder besteht aus mehreren Lappen (Fig. 55); in zahlreiche verzweigte Äste aufgelöst ist sie bei gewissen marinen Nacktschnecken. Ihre Funktion ist wenigstens bei einigen Schnecken (Helix pomatia) eine sehr mannigfaltige, da sie nicht nur diastatische und peptische Sekrete liefert, sondern sich auch in hervorragender Weise an der Resorption der Nahrung beteiligt. Manche ihrer Zellen speichern organische Substanzen, Reservestoffe, andere dagegen Kalk, der bei Bildung der Schale Verwendung findet; schädliche Substanzen werden, wie es scheint, in den Leberzellen zurückgehalten, so daß sie in gewisser Hinsicht auch als Schutzorgan dient. Außer der Mitteldarmdrüse kommt für die Resorption der Nahrung in mehr weniger hohem Maße der bei den Pflanzenfressern lange, bei den Carnivoren kurze Dünndarm in Betracht. Die Analöffnung liegt bei den Gastropoden im Gegensatz zu Chiton nicht in der Medianebene am hinteren Körperende, sondern ist bei den meisten Formen weit nach vorn und (gewöhnlich) rechts verlagert. Diese Lageverschiebung, die nicht nur den Darm, sondern auch einen großen Teil der übrigen

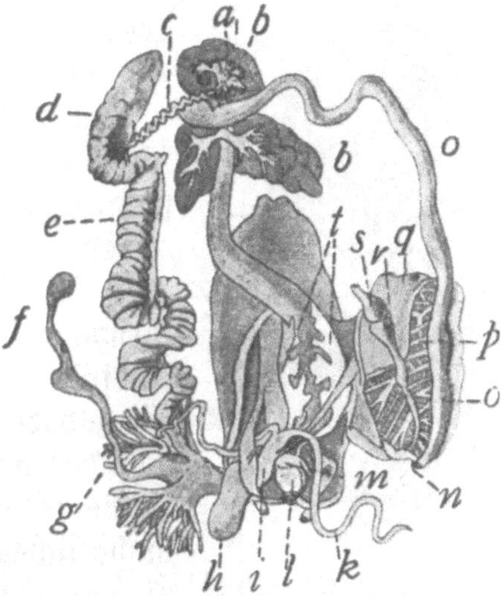

Fig. 55. Anatomie von Helix pomatia, nach Leuckart. Aus Lang. a Zwitterdrüse, b Mitteldarmdrüse, c Zwitterdrüsengang, d Eiweißdrüse, e Spermovidukt, f Receptaculum seminis, g Drüsen, h Pfeilsack, i Penis, k Flagellum, l Pharynx, m Gehirn, n After, o Darm, p Lunge, q Niere, r Herzvorhof, s Herzkammer, t Speicheldrüsen.

Organe betrifft, wird späterhin besonders besprochen werden. Es gibt allerdings Nudibranchier (Doris, Fig. 56) und Pulmonaten (Oncidiiden), bei denen der Körper bilateral symmetrisch gebaut zu sein scheint, da der After in der Nähe des Hinterendes in der Mittellinie liegt, hier handelt es sich aber um eine Rückverschiebung, tatsächlich sind auch diese Formen asymmetrisch.

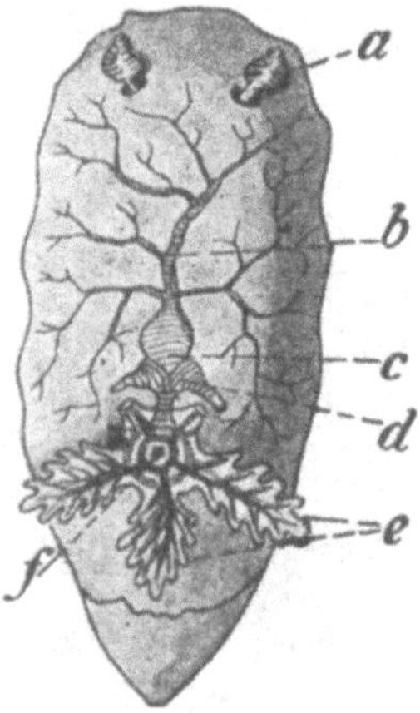

Fig. 56. Doris, nach Leuckart. Aus Lang. a Rhinophoren, b Aorta, c Herzkammer, d Herzvorhof, e Kiemen (adaptive), f After.

Bei den Cephalopoden setzt sich der sackförmige, mit einem besonderen ebenfalls sackartigen Anhange, dem Magenblindsacke, versehene Magen scharf vom Oesophagus ab (Fig. 57); die beiden, mit kleinen traubenförmigen Anhängen (Pankreas) besetzten Ausführgänge der mächtig entwickelten Mitteldarmdrüse münden in den Blindsack, der aber nur ein Reservoir für das Drüsensekret, das eiweißverdauende und diastatische Fermente enthält, darstellt und niemals Nahrungsteile aufnimmt. Die nur selten fehlende, in den Enddarm mündende „Analdrüse" der Tintenfische ist bekannt unter dem Namen „Tintenbeutel"; sie sezerniert eine schwarze Flüssigkeit, die Sepia, die von dem verfolgten und gereizten Tiere durch den Trichter nach außen entleert wird und dieses in eine dunkle Farbstoffwolke hüllt.

Sämtlichen Muscheln fehlt ein Pharynx und mithin auch eine Radula sowie Speicheldrüsen. An den Mund schließt sich direkt die Speiseröhre an; der Magen (Fig. 48) ist bei vielen Lamellibranchiern mit einem röhrenförmigen Divertikel versehen, in dem ein gallertiger, stabförmiger Körper, der sogenannte Kristallstiel, gelegen ist. Die Bedeutung dieses Gebildes, das vom Epithel des Divertikels abgeschieden wird, ist zweifelhaft; vielleicht dient seine Substanz zur Umhüllung von Sandkörnchen, wodurch eine Verletzung des Darmepithels durch diese verhindert wird. Der Dünndarm ist zumeist von ansehnlicher Länge und in Schlingen gelegt (Fig. 48); der Enddarm durchbohrt wie bei einigen Schnecken (den Rhipidoglossen) die Herzkammer und mündet in der Nähe des Hinterendes, in der Medianlinie, in die Mantelhöhle. Die Nahrung der Muscheln besteht aus kleinen Partikelchen, die mit dem Atemwasser in die Kiemenhöhle gelangen; von Wichtigkeit sind als Zuleitungsorgane zum Munde die zwischen diesem und den Kiemen befindlichen „Mundlappen" oder „-segel"; es ist jederseits 1 Paar dieser blattförmigen Gebilde vorhanden, die einen engen Spalt zwischen sich fassen, durch den die Nahrung zum Munde getrieben wird.

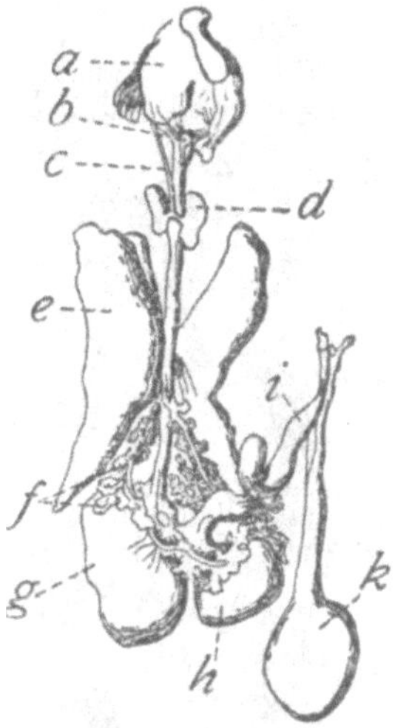

Fig. 57. Verdauungsapparat von **Sepia**, nach Keferstein. Aus Lang. a Pharynx, b ein Buccalganglion, c Ausführgang der Speicheldrüsen d, e Mitteldarmdrüse, f Pankreas, g Magen, h Magenblindsack, i Darm, k Tintenbeutel.

Mit Ausnahme von einigen parasitischen Formen besitzen alle Mollusken ein wohlentwickeltes Blutgefäßsystem. Das Herz der Chitonen, von denen wir wiederum ausgehen wollen, liegt dorsal vom Enddarme, dicht unter der Rückenhaut. Es besteht aus einer Herzkammer und 2 seitlichen Vorkammern, denen das Blut aus den Kiemen durch die Kiemenvenen zugeleitet wird (Fig. 58, A). Aus der Herzkammer, die gleich den Vorkammern ausschließlich arterielles Blut enthält, entspringt eine große, kopfwärts verlaufende Arterie, die kleinere Gefäße zu den verschiedenen Organen entsendet; das venöse Blut sammelt sich in 3 großen Bluträumen, Teilen der primären Leibeshöhle, aus welchen es durch die Kiemenarterien zu den Respirationsorganen fließt; das Gefäßsystem ist mithin wie bei den Arthropoden kein geschlossenes. Eine Herzkammer mit 2 symmetrisch und seitlich gelegenen Vorkammern treffen wir auch bei den Lamellibranchiern und den mit 2 Kiemen ausgestatteten Cephalopoden (den Dibranchiaten) an (Fig. 58, B, C); 4 Vorkammern dagegen, entsprechend der Zahl der Kiemen, besitzt das Herz von Nautilus. Auch die Lage des Herzens ist bei den Vertretern der genannten Gruppen eine ähnliche wie bei Chiton; es befindet sich auch hier in der Nähe des Enddarms, wobei allerdings zu beachten ist, daß es nur bei wenigen Muscheln die rein dorsale Lage bewahrt hat, bei den meisten aber, wie erwähnt, vom Darme durchbohrt wird. Durch welche Momente dieses eigentümliche

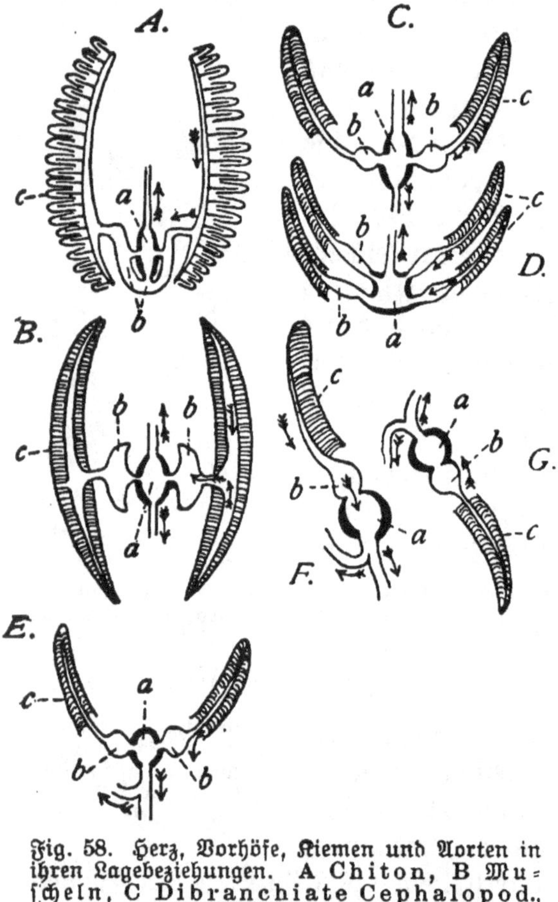

Fig. 58. Herz, Vorhöfe, Kiemen und Aorten in ihren Lagebeziehungen. A Chiton, B Muscheln, C Dibranchiate Cephalopod., D Nautilus, E Prosobranchia diotocardia, F Prosobranchia monotocardia, G Opisthobranchia. Aus Lang. a Herzkammer, b Vorhof, c Kiemen. Die Pfeile geben die Richtung des Blutstromes an.

Verhalten bedingt worden ist, läßt sich vor der Hand nicht sagen.

Größere Verschiedenheiten zeigt das periphere Gefäßsystem der Muscheln und Tintenfische gegenüber Chiton, insofern eigenwandige Gefäßbahnen reicher ausgebildet sind; in besonders hohem Maße ist dies bei den Cephalopoden der Fall, bei denen die Blutlacunen, d. h. die Teile der Leibeshöhle, die zwischen das arterielle und venöse Gefäßnetz eingeschaltet sind, an Ausdehnung sehr reduziert erscheinen.

Sehr interessante Verhältnisse, die auch in systematischer Hinsicht Verwendung gefunden haben, liegen bei den Gastropoden vor. Bei den Diotocardiern, zu denen z. B. Haliotis, Fisurella, Trochus gehören, ist das Herz wie bei den bisher betrachteten Mollusken mit 2 seitlich gelegenen Vorkammern (Fig. 58, E) versehen, bei den Monotocardiern (Cypraea, Paludina) hingegen ist die eine der beiden Vorkammern verschwunden, die andere hat eine Verschiebung erfahren, sie befindet sich jetzt vor dem Herzen (Fig. 58, F); die entgegengesetzte Lage des Vorhofes in bezug auf die Herzkammer weisen die Opisthobranchier und Pulmonaten auf (Fig. 58, G). In bestimmter Beziehung zur Zahl und Lage der Herzvorhöfe stehen die Kiemen. Zwei Kiemen kommen den ursprünglichen Diotocardiern zu, bei einem Teile derselben, den Diotocardia azygobranchia schwindet aber die eine Kieme, der betreffende Vorhof bleibt jedoch erhalten; nur eine Kieme besitzen die Monotocardier und Opisthobranchier; der unpaaren Kieme entspricht hier der unpaare Vorhof, und zwar ist bei den ersteren, in Übereinstimmung mit der Situation des Vorhofes, die Kieme vor, bei den letzteren hinter dem Herzen gelegen — daher auch die Bezeichnungen Prosobranchier (für die Monotocardier und Diotocardier, bei denen die Kiemen ebenfalls vor dem Herzen liegen) und Opisthobranchier. Das Blutgefäßsystem der Gastropoden ist dem der Lamellibranchier insofern ähnlich als ansehnlichere Blutlacunen zwischen die arteriellen und venösen Gefäßbahnen eingeschaltet sind, sie erreichen aber nicht die Ausdehnung wie bei Chiton. Bei Muscheln, Schnecken und Tintenfischen sind im allgemeinen 2 große Hauptarterien (Aorten) vorhanden, die entweder (Gastropoden) mit einer gemeinsamen Wurzel oder (Lamellibranchier, Cephalopoden) getrennt voneinander aus dem Herzen entspringen (Fig. 58); die eine der beiden versorgt die Kopf-, die andere die hinteren Körperpartien mit Blut.

Rudimentär ist das Herz der Scaphopoden, das Lacunensystem ist bei ihnen besonders reich entwickelt.

Das Blut der meisten Weichtiere ist farblos, doch gibt es eine nicht geringe Zahl unter ihnen, bei denen es eine mehr weniger deutlich rote (Planorbis, Solen-, Arca-Arten) oder blaue (Helix, Limnaea, Paludina, Murex, Anodonta, Unio, Mytilus, Eledone, Sepia usw.) Farbe zeigt; der Blutfarbstoff ist bei den meisten an die Flüssigkeit, bei wenigen nur an die Blutkörperchen gebunden. Die rote Farbe rührt von Hämoglobin, die blaue von einem kupferhaltigen Eiweißkörper, dem Hämocyanin, her; die Blaufärbung kommt übrigens nur dem arteriellen, nicht dem venösen Blute zu.

Das Perikard, welches das Herz umschließt, stellt einen Teil der bei den Mollusken sehr reduzierten sekundären Leibeshöhle (des Cöloms) dar und steht mit den Nieren in offener Verbindung. Seine Wand ist stellenweise drüsiger Natur, und man bezeichnet diese Partien als Perikardialdrüsen; höchst wahrscheinlich ist ihnen eine exkretorische Funktion zuzuschreiben, Farbstoffinjektionen in die Blutbahnen deuten darauf hin.

Die Respiration erfolgt zumeist mittels Kiemen, die in der Mantelhöhle gelegen sind; zahlreiche Kiemen finden wir bei den Chitonen (Fig. 50), die meisten Mollusken besitzen jedoch nur eine, 2 oder 4 (Nautilus). Ein Schwund der typischen Kiemen ist nicht selten zu konstatieren, sie werden alsdann durch kiemenartige Anhänge, sogenannte adaptive Kiemen (viele Opisthobranchier, Fig. 56) ersetzt, oder es entwickelt sich in der Mantelhöhle ein respiratorisches Gefäßnetz, eine „Lunge", dies ist der Fall bei den Lungenatmern (Pulmonaten, Fig. 55). Die ursprüngliche Form der Kieme ist die einer Feder; so gestaltete Kiemen treffen wir bei den Chitonen, den Gastropoden (Fig. 60), Cephalopoden und den primitiven Lamellibranchiern an, die Mehrzahl der Muscheln besitzt aber von zahlreichen Spalten durchbrochene blattförmige Kiemen.

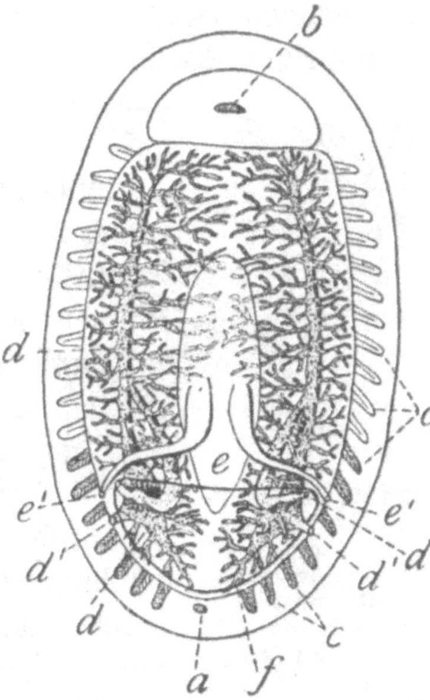

Fig. 59. Chiton, Schema des Exkretions- und Genitalapparates. Aus Lang. a After, b Mund, c Kiemen, d Nephridien, d' Nephridialporen, d'' Nierenspritze (Verbindungsöffnung mit dem Perikard), e Gonade, e' Genitalporen, f Umriß des Perikards.

Das venöse Blut durchströmt im allgemeinen, ehe es zu den Respriationsorganen gelangt, die Nieren, deren Zellen die Ausscheidung der Exkretionsprodukte (Harnsäure, Guanin, Hypoxanthin) besorgen. Zwei symmetrisch zur Medianebene gelagerte Nieren treffen wir bei allen Mollusken mit Ausnahme der Gastropoden an, bei diesen wird die eine der beiden fast stets rudimentär oder verschwindet ganz. Die etwa Y-förmigen, mit zahlreichen Seitenästen versehenen Nieren der Chitonen (Fig. 59) erstrecken sich beinahe durch den ganzen Körper; von den beiden kürzeren Schenkeln tritt der eine in Beziehung zum Perikard, der andere kommuniziert mit der Mantelhöhle, und zwar öffnen sich die Nephridialporen etwas vor dem After nach außen. In der Herzgegend liegen die schlauchförmigen, meist V-artig gebogenen Nephridien oder Bojanusschen Organe der Muscheln (Fig. 48); von den beiden Schenkeln des V ist nur jener, der mit dem Perikard in Verbindung steht und durch eine reiche Faltenbildung der Wand ausgezeichnet ist, exkretorisch tätig, der andere dient mehr als ein Reservoir. Weite sackförmige Gebilde sind die Nieren der Cephalopoden; das Epithel der Nierensäcke hat jedoch nur an jenen Stellen eine exkretorische Funktion, an denen sich die großen, zu den Kiemen verlaufenden Venen an die Nephridialwand anlegen; die Venen sind in diesen Partien mit traubenförmigen Divertikeln besetzt, die, überzogen vom Nierenepithel, weit in die Nierensäcke vorspringen und die sogenannten Venenanhänge darstellen, die auch der Aufenthaltsort der merkwürdigen, in Bd. I, S. 50 erwähnten Dicyemiden sind. — Unter den Gastropoden besitzen eine Anzahl jener Prosobranchier, welche der hypothetischen, chitonähnlichen Stammform am nächsten stehen dürften, noch 2 Nephridien (Cemoria, Fisurella, Haliotis usw.), doch hat bei ihnen das Nephridium der linken Seite in höherem oder geringerem Maße seine exkretorische Funktion verloren. Bei den übrigen Gastropoden dagegen ist nur eine Niere vorhanden, sie entspricht der linken, also der reduzierten der oben namhaft gemachten Prosobranchier, sie ist aber infolge einer Rückverschiebung (s. S. 112) auf der rechten Seite des Tieres gelegen. Die Niere vieler Nudibranchier zeigt gestaltlich eine große Ähnlichkeit mit den Nephridien der Chitonen, wie ohne

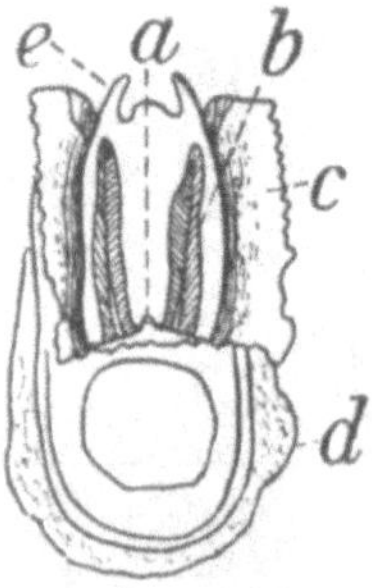

Fig. 60. Fissurella von der Rückenfläche nach Wegnahme der Schale und mit eröffneter Mantelhöhle. Nach Ray-Lankester. a Anus, b Kiemen (in der Mantelhöhle), c Mantellappen, d Fuß, e Fühler.

weiteres aus Fig. 61 hervorgeht, gewöhnlich ist aber die Form eine mehr sackartige, doch springen zahlreiche Falten von der Wand in das Lumen des Sackes vor, wodurch die exkretorisch tätige Fläche eine sehr bedeutende Vergrößerung erfährt. Das Nephridium öffnet sich auch bei den Gastropoden in die Mantelhöhle, doch kommt es bei manchen Pulmonaten (z. B. Helix) zu einer Verbindung des Ureters mit dem Enddarme.

Die Mollusken sind teils getrennten Geschlechts, teils Hermaphroditen; zu den letzteren gehören eine Anzahl Gastropoden (Opisthobranchier, Pulmonaten sowie einige wenige Prosobranchier, z. B. Valvata) und Lamellibranchier, so die Anatinaceen. Unter den Hermaphroditen treffen wir solche Formen, bei denen die männlichen und weiblichen Geschlechtsdrüsen und die Ausführgänge räumlich vollständig voneinander gesondert sind, nur selten an (Anatinaceen), viel größer ist die Zahl jener, bei welchen beiderlei Geschlechtsprodukte in der nämlichen, aus zahlreichen Läppchen bestehenden Gonade sich vorfinden; in diesem Falle können Eier und Spermien in verschiedenen Läppchen (Acinis) oder in ein und demselben nebeneinander gebildet werden. Die Ausführwege der nur bei den Lamellibranchiern und einem Teile der Amphineuren (den Solenogastres) paarigen, bei fast allen übrigen Mollusken aber unpaaren Gonaden sind so außerordentlich verschiedenartig gestaltet, daß nur auf einige der wesentlichsten Punkte aufmerksam gemacht werden kann. Bei der Mehrzahl der Diotocardier unter den Gastropoden, den Scaphopoden und einigen Muscheln (Solenomya, Arca) übernehmen die rechte Niere, resp. bei den genannten Lamellibranchiern beide

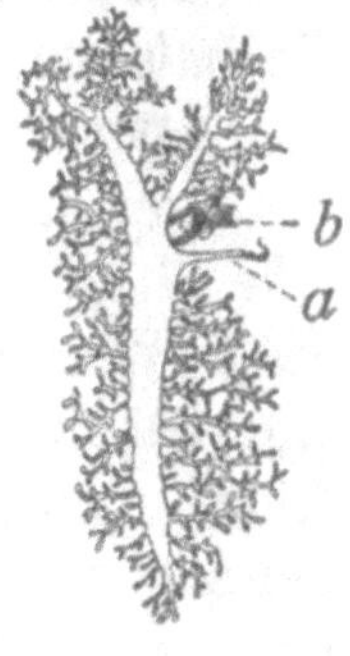

Fig. 61. Niere von Bornella, nach Hancock. Aus Lang. a Harnleiter. b Nierenspritze, Verbindungsgang zum Herzbeutel.

Nieren die Ausfuhr der Geschlechtsprodukte, die mithin zunächst in die Mantelhöhle gelangen; Begattungsorgane fehlen. Besonderen Leitungswegen, die aber bei den Monotocardiern z. T. aus der rechten Niere hervorgehen, begegnen wir bei den übrigen Weichtieren. Zwei in die Kiemenhöhle sich öffnende Ei- resp. Samenleiter besitzen die Muscheln und fernerhin, trotzdem die Gonade nur in der Einzahl vorhanden ist, die Chitonen und einige Tintenfische, bei den übrigen sind sie unpaar.

Von den verschiedenen Partien, die sich bei den männlichen Cephalopoden am Samenleiter unterscheiden lassen, sei nur des Spermatophorensackes gedacht, in dem die recht kompliziert gebauten, röhrenförmigen Spermatophoren, deren jede eine Anzahl von Spermien umschließt, enthalten sind. Der Sack öffnet sich auf einer kurzen Papille, dem Penis, in die Mantelhöhle; die Übertragung der Spermatophoren in die Kiemenhöhle des Weibchens geschieht mit Hilfe eines Armes, der diesem Zwecke besonders angepaßt ist und als Hectocotylus oder hectocotylisierter Arm bezeichnet wird. Die weitgehendsten Veränderungen hat dieser Arm bei den Männchen von Argonauta, Tremoctopus und Philonexis erfahren, bei denen er abgestoßen werden kann; weniger bedeutend, aber immerhin auffällig genug sind sie bei den übrigen Formen. Die weiblichen Leitungswege sind einfacher gestaltet; die mit dem Ende des Eileiters in Verbindung stehenden Eileiter-, und die nur einem Teil der Cephalopoden zukommenden Nidamentaldrüsen, die sich direkt in die Mantelhöhle öffnen, liefern das Material zur Bildung der Eischale. — Die Gastropoden zeigen, abgesehen von den Diotocardiern, deren (rechte) Niere einfach von den Geschlechtsprodukten passiert wird, die verwickeltsten und mannigfaltigsten Ausbildungen der Leitungswege; dies gilt vornehmlich für die Hermaphroditen. Die Komplikationen sind bedingt durch das Auftreten von Anhangsdrüsen verschiedener Art und die Differenzierung spezieller Kopulationsorgane, wie Penes, Begattungstaschen usw.; die Geschlechtsöffnung kann hierbei in der Tiefe der Mantelhöhle verbleiben und mit dem eventuell vorhandenen Penis nur durch eine Rinne verbunden sein; es kann aber auch eine Verschiebung nach außen statthaben, und dies ist sehr häufig der Fall, so daß jede Verbindung mit der Mantelhöhle aufgehoben wird. Die Zahl der Genitalporen unterliegt bei den Zwitterformen ebenfalls Variationen; zuweilen ist nur ein Porus vorhanden, nicht selten finden sich aber deren 2 oder sogar 3; im letzteren Falle gehören 2 dem weiblichen Apparate an, nnd einer der beiden spielt die Rolle einer Begattungsöffnung. Zur Illustration dieser Verhältnisse seien die Kopulationsapparate einiger

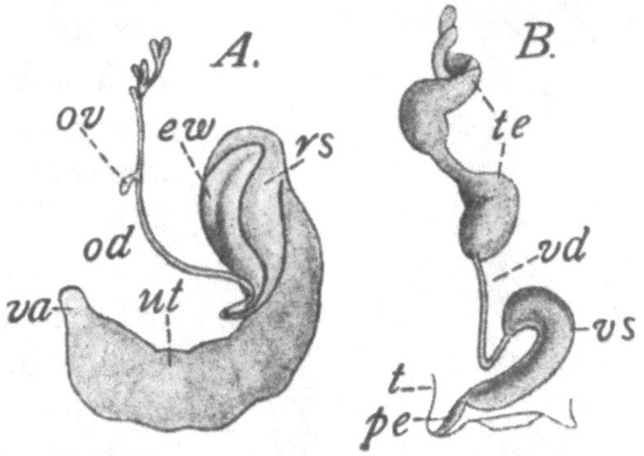

Fig. 62. Paludina vivipara, Genitalapparat, A Weibchen, B Männchen. Nach Baudelot. A, ov Ovar, od Ovidukt, ew Eiweißdrüse, rs Receptaculum seminis, ut Uterus, va Vagina. B, te Hoden, vd Vas deferens, vs Vesicula seminalis, pe Penis, t Fühler.

bekannterer Schnecken kurz skizziert. Aus der Gonade der getrenntgeschlechtlichen Paludina vivipara entspringt sowohl bei den männlichen als weiblichen Individuen ein enger Gang, der Samen- resp. Eileiter, an den sich distal eine erweiterte Partie, die Samenblase (Fig. 62, B) resp. der Uterus (Fig. 62, A), anschließt. Die Samenblase steht hier mit einem im rechten Fühler befindlichen Penis in Verbindung, und die auffallende Dicke dieses Fühlers kennzeichnet die Männchen. An der Verbindungsstelle von Eileiter und Uterus mündet in diesen die ansehnliche Eiweißdrüse, deren Sekret Nährmaterial für die sich entwickelnden Jungen liefert. — Von Hermaphroditen mögen Limnaea stagnalis, die Schlamm- oder Teichschnecke, und Helix pomatia, die Weinbergschnecke, erwähnt sein. Der aus der Zwitterdrüse hervorgehende Zwitterdrüsengang (Fig. 63) teilt sich bei Limnaea alsbald in einen Samen- und einen Eileiter, die voneinander getrennt auf der rechten Seite des Tieres vor der Öffnung der Mantelhöhle nach außen münden. Das Endstück des Samenleiters, an dem sich verschiedene Abschnitte unterscheiden lassen, ist in einen ausstülpbaren Penis umgewandelt; in den Eileiter münden eine Eiweiß-, eine Schalendrüse und ein Receptaculum seminis, in das bei der Begattung das Sperma aufgenommen wird. — Die Zwitterdrüse von Helix (Fig. 55) ist wie die von Limnaea in die Mitteldarmdrüse eingebettet; der dünne Zwitterdrüsengang verbindet sich in diesem Falle mit einem ansehnlichen Gang, dem Spermovidukt, der sich in einiger Entfernung von der gemeinsamen, ebenfalls auf der rechten Seite des Tieres gelegenen Genitalöffnung in einen Ei- und Samenleiter spaltet, angebahnt ist diese Trennung allerdings schon am Spermovidukt selbst. Der Samenleiter geht in einen vorstülpbaren Penis über, der einen geißelförmigen Anhang, das Flagellum, trägt, das vielleicht an der Herstellung der Spermatophoren beteiligt ist. Eine mächtige

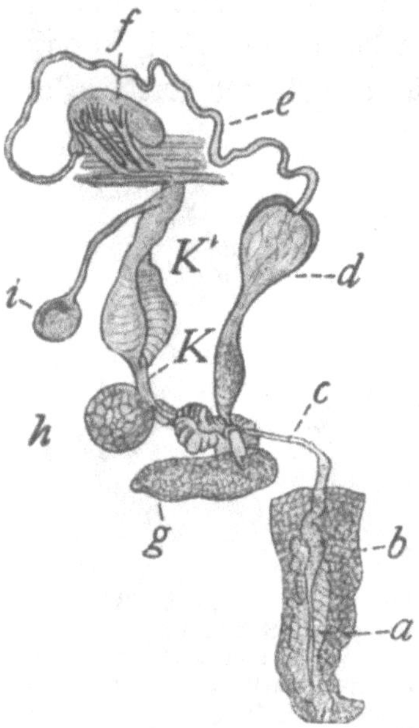

Fig. 63. Limnaea stagnalis, Genitalapparat, nach Baudelot. Aus Lang. a Zwitterdrüse, b Mitteldarmdrüse, c Zwitterdrüsengang, d, e Vas deferens, f Penis, g Eiweißdrüse, h Nidamentaldrüse, i Receptaculum seminis, k, k' Eileiter.

Eiweißdrüse öffnet sich an der Grenze von Zwitterdrüsengang, und Spermovidukt in den letzteren; in den Ovidukt selbst münden Drüsen, und mit ihm stehen das Receptaculum seminis und der Pfeilsack in Verbindung. Der Pfeilsack birgt ein pfeilähnliches Kalkgebilde, den Liebespfeil, der bei der Begattung ausgestoßen wird und als Reizmittel auf das andere Individuum wirken soll. Ähnliche Verhältnisse, wie sie für Limnaea und Helix geschildert wurden, treffen wir bei vielen Pulmonaten und Opisthobranchiern an, nur sei bemerkt, daß der Penis nicht selten durch eine Flimmerrinne mit der Geschlechtsöffnung verbunden ist und das Receptaculum selbständig nach außen mündet.

Eine Begattung kann nur bei jenen Formen statthaben, bei denen Begattungsorgane sich vorfinden; eine wechselseitige Begattung ist direkt bei Pulmonaten (Helix, Limnaea, Arion usw.) beobachtet worden. Die meisten Schnecken setzen ihre Eier, die infolge der großen beigegebenen Eiweißmassen einen ansehnlichen Durchmesser besitzen können, in größeren Mengen, häufig in Form eines wurstförmigen, bandartigen oder klumpigen Laiches ab; dem Laich der Limnaea-Arten begegnet man z. B. oft an den Blättern von Wasserpflanzen; die Weinbergschnecke legt im Verlaufe von 1—2 Tagen 25—80 voneinander getrennte, ca. 6 mm große, von einer harten Schale umgebene Eier in eine kleine Höhle, die sie mit Erde zudeckt.

Behufs Orientierung über das Nervensystem wenden wir uns zunächst wiederum Chiton zu. Chiton (Fig. 64) besitzt einen den Ösophagus umfassenden Schlundring, von dessen lateralen Partien 2 Paare starker Nervenstämme entspringen. Die beiden seitlich gelegenen „Pleurovisceralstränge", die über dem Enddarme bogenförmig ineinander übergehen, entsenden Nerven zum Mantel, zu den Kiemen, Nieren, zum Herzen und Magen; die mehr ventral verlaufenden, der Medianebene genäherten Pedalstränge innervieren hauptsächlich die Muskulatur des Fußes und der seitlichen Körperpartien; sie stehen unter sich und mit den Pleurovisceralsträngen durch zahlreiche Kommissuren in Verbindung. Die aus dem oberen Teile des Schlundringes hervorgehenden Nerven breiten sich im vordersten Teile des Mantels und im Kopflappen aus; aus dem hinteren (unteren) Teile des Ringes austretende Faserzüge verbinden sich mit den „Buccal"- und „Subradular"ganglien, welche dem Pharynx an- resp. eingelagert sind und die Buccalmasse sowie den Oesophagus mit Nerven versorgen. Ähnlich liegen die Dinge auch bei den Solenogastres (Neomenia), doch macht sich bei diesen schon die Tendenz zur Bildung gesonderter Ganglien bemerkbar, während bei den Chitonen der Schlundring sowohl wie die Nervenstränge mit einem kontinuierlichen Belag von Ganglienzellen versehen sind. Durchgeführt ist eine solche Differenzierung in Ganglien bei fast allen übrigen Mollusken, und nur bei einigen Gastropoden (Diotocardiern) treffen wir Anklänge an das Verhalten der Amphineuren, insofern sich noch Pedalstränge vorfinden.

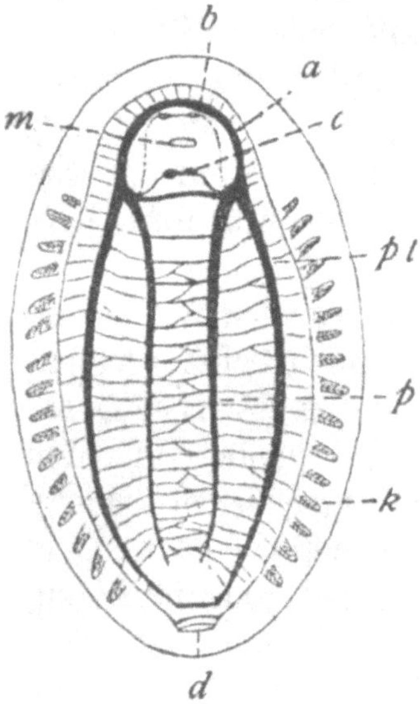

Fig. 64. Chiton, Nervensystem, schematisch. a Schlundring, b Buccalganglien, c Subradularganglien, pl Pleurovisceral-, p Pedalstränge, k Kiemen, d After, m Mund.

Im allgemeinen lassen sich folgende Ganglien unterscheiden: Cerebralganglien, Pedalganglien sowie ein Ganglienkomplex (Pleural- und Visceralganglien), der bei den verschiedenen Molluskengruppen eine etwas verschiedene Ausbildung zeigt, im wesentlichen aber, wenigstens in bezug auf das Innervationsgebiet, den Pleurovisceralstämmen von Chiton vergleichbar ist; außerdem ist zumeist noch ein Paar Buccalganglien vorhanden.

Die interessantesten Verhältnisse bieten die Gastropoden: Die beiden über oder neben dem Oesophagus gelegenen, dem oberen Teil des Schlundringes von Chiton entsprechenden Cerebralganglien, die unter sich durch eine Kommissur verbunden sind, innervieren die Kopfregion, vornehmlich die

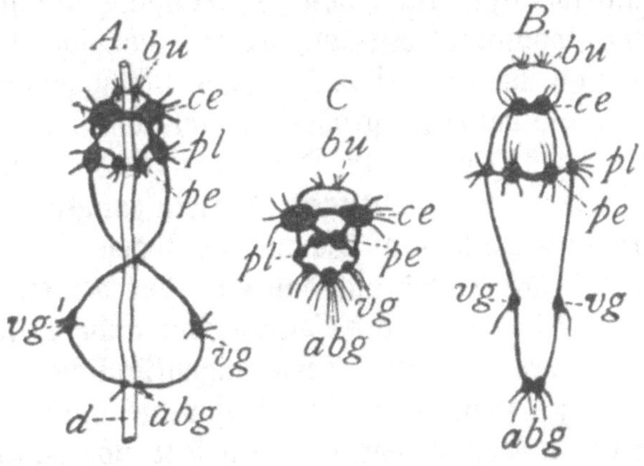

Fig. 65. A Nervensystem eines Prosobranchiers, B eines Opisthobranchiers, C eines Pulmonaten. Nach Korschelt-Heider. bu Buccalganglien, ce Cerebral-, pl Pleural- pe Pedal-, vg, vg', abg Visceralganglien (abg sog. Abdomanilganglien). In A vg' Supra-, vg Infraintestinalganglion, d Darm.

Sinnesorgane: Tentakel, Augen und Statocysten. Mit ihnen sind durch ein Paar von Faserzügen (die Cerebropedalkonnektive) die beiden, ebenfalls durch eine Kommissur verbundenen Pedalganglien resp. Pedalstränge und durch ein 2. Paar von Konnektiven die (Cerebropleuralkonnektive) die Pleural- oder Pallialganglien, die auch mit den Pedalganglien in Verbindung stehen, verknüpft (Fig. 65, A, B, C). Als Pleuralganglien bezeichnet man die beiden Ganglien, die ursprünglich Nerven zum Mantel entsenden. Darm, Niere, Gonaden,

Herz und Kiemen werden von den Eingeweide- oder Visceralganglien im weiteren Sinne, Pharynx, Oesophagus und Speicheldrüsen von den Buccalganglien aus mit Nerven versorgt. Typisch sind 3 Eingeweideganglien vorhanden; von diesen 3 Ganglien werden jene beiden, die Nerven zu den Kiemen und bei vielen Formen auch zum Mantel abgeben, gewöhnlich als Parietalganglien (Fig. 65, vg, vg') bezeichnet. Sie stehen einerseits mit den Pleuralganglien, andererseits mit dem 3. Eingeweideganglion, dem Visceralganglion im engeren Sinne oder Abdominalganglion, durch Faserzüge im Zusammenhange und bilden auf diese Weise die sogenannte Visceralschlinge, die bei einer großen Anzahl von Gastropoden die Form einer 8 hat (Fig. 65, A). Die eine Hälfte dieser 8-Schlinge kommt mit dem entsprechenden Parietalganglion oberhalb, die andere unterhalb vom Darme zu liegen, und man bezeichnet mit Rücksicht hierauf das eine der beiden Parietalganglien, es ist das linke, als Supra-, das andere, das rechte, als Subintestinalganglion. Diese eigentümliche Form der Visceralschlinge steht nun im Zusammenhange mit der asymmetrischen Gestalt der Gastropoden überhaupt, sie ist der Ausdruck von Drehungen und Verschiebungen, die im Laufe der Ontogenese auftreten und aus der bilateralsymmetrischen Anlage eine asymmetrische Form hervorgehen lassen. Es erscheint mir nicht unangebracht, an dieser Stelle diesen Dingen etwas näher zu treten. Wir gehen, um uns die Vorstellung zu erleichtern, von einer chitonähnlichen also bilateralsymmetrischen Form aus; der mit Tentakeln und Augen versehene Kopf ist jedoch schärfer abgesetzt, den Rücken bedeckt eine flache, napfartige Schale und die Mantelhöhle liegt ihrer größten Ausdehnung nach am hinteren Teile des Rumpfes und mündet hier durch einen breiten Schlitz nach außen; in sie öffnet sich in der Medianebene der After, rechts und links von ihm liegen die Geschlechts-Nierenporen und die Kiemen

(Fig. 66, A). Das Zentralnervensystem besteht aus je einem Paare von Cerebral-, Pleural-, Pedal- und Buccalganglien, die hinter dem Pharynx um den Oesophagus den Schlundring bilden, sowie aus einem weit nach hinten verschobenen, ventral vom Darme gelegenen Abdominalganglion und den beiden mehr seitlich situierten Parietalganglien; jedes Parietalganglion ist mit dem Pleuralganglion der **gleichen** Seite durch ein Konnektiv verbunden; in den Darm münden zwei gleichgestaltete und gleichgroße Mitteldarmdrüsen; das Herz ist mit 2 Vorhöfen versehen und liegt dorsal vom Darme; die beiden Gonaden kommunizieren mit den Nephridien und münden durch diese aus. Ein Gastropod von dieser Gestalt und diesem Baue existiert nun allerdings nicht, es ist hier eine hypothetische Form geschildert, mit der aber gewisse Entwicklungsstadien, z. B. von **Paludina**, eine bedeutungsvolle Ähnlichkeit zeigen. Die asymmetrische Gestalt der Gastropoden geht aus der symmetrischen der Grundform dadurch hervor, daß, wie auch die Entwicklung von **Paludina** erkennen läßt, die Mantelhöhle samt den

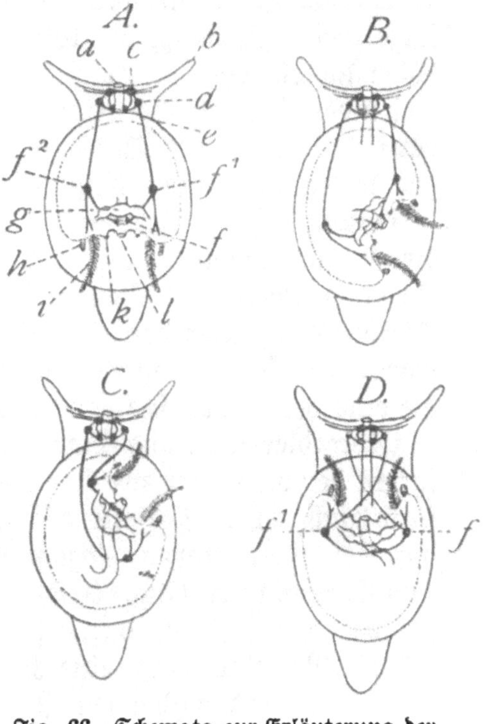

Fig. 66. Schemata zur Erläuterung der Organverschiebung bei den **Gastropoden**. Nach **Lang**. A hypothetische Ausgangsform, D Prosobranchier. a Mund, b Fühler, c Cerebral-, d Pleural-, e Pedal-, f, f^1, f^2 Eingeweideganglien, f^1 in D Supra-, f^2 Infraintestinalganglion, g Herz, h Osphradium, i Kiemen, k Exkretions-Geschlechtsöffnung, l After.

in ihr befindlichen Organen und Öffnungen eine Verschiebung nach rechts erfährt; natürlich werden hierbei auch alle übrigen Organe, das Herz, die Nieren, der Darm, die Visceralganglien, in Mitleidenschaft gezogen werden; infolge dieser Drehung, die 180° beträgt, gelangt die Mantelhöhle an die vordere Fläche des Rumpfes, und es werden diejenigen Organe, die ursprünglich links gelegen waren, jetzt der rechten Seite des Tieres, die ursprünglich rechts gelegenen der linken angehören (Fig. 66, D; Fig. 60). Eine selbstverständliche Folge ist auch die Kreuzung der Konnektive, die die Parietalganglien mit den Pleuralganglien verbinden. Ein derartiges Verhalten treffen wir bei einem Teil der Diotocardier unter den Prosobranchiern an, zu beachten ist jedoch das Vorhandensein einer Gonade; häufig verschwindet die eine der beiden Kiemen und hiermit der eine Herzvorhof (Diotocardier z. T. und Monotocardier), die vorhandene entspricht der linken der zweikiemigen Formen, d. i. aber die ursprünglich rechte. Auffallend ist mit Rücksicht auf das Gesagte, daß bei einer großen Anzahl von Schnecken, den meisten Opisthobranchiern (Fig. 65, B) und Pulmonaten (Fig. 65, C), die unzweifelhaft von der Urform sich weiter entfernt haben als die Prosobranchier, eine Kreuzung der Pleuro-Parietalkonnektive nicht vorhanden ist, ja daß wir bei den Opisthobranchiern Formen antreffen, bei denen auch der After median in der Nähe des Hinterendes gelegen ist. Bei diesen Schnecken, die scheinbar der Urform näher stehen als die Prosobranchier, dürfte eine mehr weniger weitgehende Rückdrehung, eine Detorsion, eingetreten sein, infolge deren die linksseitigen Organe der Diotocardier auf die rechte gelangten.

Ein vollständig befriedigende Erklärung für die Torsion läßt sich dermalen nicht geben. Allem Anscheine nach besteht auf gewissen Stadien der Entwicklung ein sehr ungleichmäßiges Wachstum auf der rechten und linken Seite des Embryo: auf der ersteren ist es fast Null, sehr bedeutend dagegen auf der linken, und besonders auffällig macht sich die verschiedene Wachstumsintensität an den beiden Mitteldarmdrüsen bemerklich; wodurch nun aber das enorme Anwachsen der linken Drüse, durch das vornehmlich die Asymmetrie bedingt erscheint, hervorgerufen wird, steht dahin. Ebensowenig ist bekannt, welche Momente bei der Detorsion die Hauptrolle spielen.

Jene Gastropoden, deren Pleuroparietalkonnektive gekreuzt sind, bezeichnet man als Streptoneuren oder Chiastoneuren, die anderen als Euthyneuren. Bei diesen sind im allgemeinen die Konnektive und Kommissuren stark verkürzt, und zuweilen kommt es sogar zur Verschmelzung der Ganglien; andererseits ist bei den Euthyneuren das Auftreten akzessorischer Ganglien eine nicht seltene Erscheinung. Es sei noch darauf hingewiesen, daß besonders bei den Pulmonaten die Innervation des Mantels nicht von den Pleuralganglien sondern den Parietalganglien aus erfolgt, die ersteren geben überhaupt keine Nerven ab.

Die meisten Lamellibranchier besitzen 3 Ganglienpaare, von denen das eine Paar, die Cerebralganglien, und die mit diesen vereinigten Pleuralganglien dicht neben dem Munde, das 2., die Pedalganglien, im Fuße und das 3. unter dem Enddarme gelegen ist (Fig. 48). Dieses letztere ist allem Anscheine nach aus den verschmolzenen Parietal- und Abdominalganglien hervorgegangen, da aus ihm auch die Nerven für die Kiemen und hinteren Mantelpartien entspringen. Der Mangel an Buccalganglien steht in Beziehung zu dem Fehlen eines Pharynx. Eine sehr bedeutende Verkürzung der Kommissuren und Konnektive bedingt bei den Cephalopoden eine hochgradige Konzentration der Ganglien, die dicht hinter der Buccalmasse einen dicken, vom Kopfknorpel umschlossenen Ring um den Oesophagus bilden. Bemerkenswert ist vor allem die nach den Arten mehr weniger scharfe Differenzierung der Pedalganglien in 2 Partien, von denen die eine (Brachialganglien) die Arme, die andere (Infundibularganglion) den Trichter innerviert. Aus den mit den Eingeweideganglien innig verbundenen Pleuralganglien entspringen 2 mächtige Nerven, die zu 2 großen, an der Innenseite des Mantels gelegenen Ganglien, den G. stellata verlaufen, von denen zahlreiche Nerven in den Mantel ausstrahlen. Dem Pharynx liegen die Buccalganglien an (2 Paare), die mit dem auf dem Magen befindlichen Ganglion splanchnicum in Verbindung stehen.

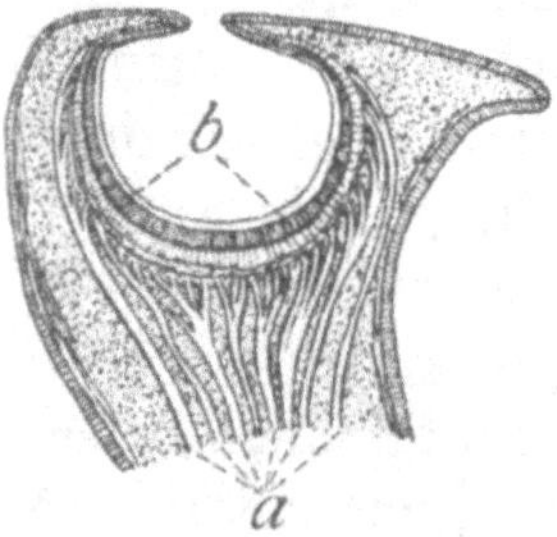

Fig. 67. Auge von **Nautilus** im Durchschnitt, nach Hensen. Aus Lang. a Faserbündel des Sehnerven, b Retina.

Lichtperzipierende Organe besitzen die Cephalopoden, die Gastropoden (mit Ausnahme einiger, aber durchaus nicht aller Tiefsee- und Höhlenformen), die Lamellibranchier z. T. und einzelne Chitonarten. Bei den Vertretern der beiden zuerst genannten Gruppen gehören die in einem Paare vorhandenen Augen dem Kopfe an, am Mantelrande finden wir sie, zumeist in bedeutender Zahl, bei den Muscheln, über die Rückenfläche zerstreut sind sie bei den Chitonarten und gewissen Pulmonaten, den Oncidiiden.

In vergleichend anatomischer Beziehung bieten die Augen der Gastropoden und Cephalopoden, mit denen wir uns zunächst befassen wollen, großes Interesse. Einfache grubenförmige Einsenkungen der Haut, deren Boden von einem Sinnesepithel bedeckt wird, vermitteln die Lichtprezeption bei **Nautilus**; lichtbrechende Teile fehlen (Fig. 67). Ähnlich gebaut sind die Sehorgane mancher Gastropoden, **Patella, Haliotis**, doch sind hier die Gruben ganz oder teilweise von einem Sekret, dem Produkte besonderer, zwischen den Sinneszellen befindlicher Drüsenzellen, erfüllt, das einmal dem Sinnesepithel Schutz gewähren, andererseits aber infolge seines nicht geringen Lichtbrechungsvermögens, die Funktion einer Linse übernehmen kann. Schließt sich die oft nur kleine Öffnung der Augengrube, so erhalten wir die bei den Schnecken weit verbreiteten Blasenaugen (Fig. 68). Die Wandung der Blase besteht in ihrem vorderen, dem Hautepithel zugewandten Abschnitte aus durchsichtigen Zellen (Fig. 68 co), die das einfallende Licht passieren lassen, den übrigen Teil bilden Stiftchensäume tragende Sinneszellen, Pigment- und Drüsenzellen, deren Sekret die Blase erfüllt und die Linse formt. Von sehr bedeutender Größe im Vergleich zu der des Körpers sind die durch besondere Muskeln beweglichen, kegelförmigen Augen der Heteropoden; sie schließen sich in ihrem Baue den Blasenaugen an, doch zeigt die Retina insofern bemerkenswerte Eigentümlichkeiten, als die Sehzellen Gruppen bilden und die lichtperzipierenden Enden etagenförmig übereinander angeordnet sind. Die höchstorganisierten Augen unter den Mollusken treffen wir bei den dibranchiaten Cephalopoden an. Bei diesen zeigt nicht nur die Retina und das hinter derselben befindliche mächtige Retinaganglion einen sehr komplizierten Bau, sondern es kann auch das normal für nahe Objekte eingestellte Auge

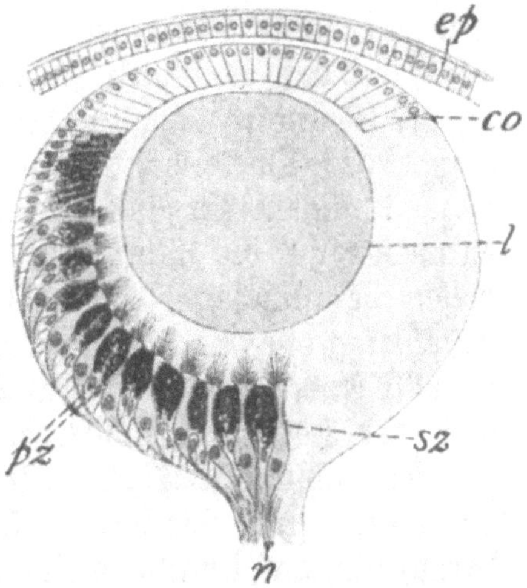

Fig. 68. Schnitt durch das Auge von Helix pomatia, Retina nur in der linken Augenhälfte gezeichnet. Nach Hesse. sz Sehzellen mit Stiftchensäumen, pz Pigmentzellen, co Cornea, ep Körperepithel, l Linse, n Sehnerv.

dem Sehen in die Ferne angepaßt werden; die Akkommodation geschieht mit Hilfe eines besonderen Muskels, durch den die Linse der Retina genähert wird.

Die Augen am Mantelrande resp. den Siphonen der Muscheln sind der Mehrzahl nach auch nach dem Typus der Blasenaugen gebaut, dabei ist aber hier zu berücksichtigen, daß, ähnlich wie in den Nebenaugen der Spinnen, die Stäbchen der Sehzellen vom Licht abgewandt sind (Spondylus, Cardium), und daß in einigen Fällen die Retina zweischichtig zu sein scheint (Pecten); ähnliche Befunde bieten auch die Rückenaugen der Oncidiiden; einfacher gebaut sind dagegen die augenähnlichen Organe der Chitonen. Das Pigment kann entweder an die lichtperzipierenden oder an die zwischen diesen befindlichen Zellen gebunden sein, in dieser Hinsicht bestehen große Verschiedenheiten.

Mit Ausnahme der dibranchiaten Cephalopoden und wohl auch der Heteropoden werden wir die Mollusken als kurz- und schwachsichtige Tiere zu bezeichnen haben. Versuche, die an Land- und Wasserschnecken angestellt wurden, deuten darauf hin, daß im allgemeinen im Dämmerlicht Gegenstände auf größere Entfernungen wahrgenommen werden als bei intensiver Belichtung, aber auch in den günstigsten Fällen handelt es sich nur um Distanzen von einigen Zentimetern oder Millimetern. Sehr empfindlich sind dagegen die meisten Muscheln und Schnecken gegen plötzliche Beschattung, und es ist von Interesse, zu konstatieren, daß ein großer Teil der Haut Lichtempfindlichkeit zeigt; besonders auffällig ist dies bei Formen, die der Augen überhaupt entbehren oder bei denen dieselben entfernt wurden.

Im Anschlusse an die Augen sei der Leuchtorgane gedacht, die bei Tiefseecephalopoden (z. B. Histiotenthis) beobachtet wurden und vornehmlich an der ventralen Fläche des Rumpfes, am Kopfe — hier besonders in der Umgebung der Augen — sowie an den Armen auftreten; ihr Bau ist ein ziemlich komplizierter und kann selbst bei ein und derselben Art ein etwas verschiedener sein; das Licht gewisser Organe leuchtet rot, das anderer blau.

Von größerer Bedeutung als die Sehorgane dürften für die meisten Mollusken die Organe des chemischen Sinnes sein; zum mindesten ist das Witterungsvermögen vieler Wasserschnecken ein sehr feines, und daß Geschmacksempfindungen nicht ganz mangeln, geht daraus hervor, daß viele Schnecken in bezug auf ihre Nahrung ziemlich wählerisch sind. Über den Sitz besonderer Geschmacksorgane ist allerdings wenig bekannt; in der Mundhöhle mancher Gastropoden (Patella, Haliotis) hat man Sinneszellen gefunden, die möglicherweise die genannte Funktion haben, und dieselbe Bedeutung mißt man auch den lippenartigen Wülsten in der Umgebung des Mundes bei Landschnecken zu. Als spezielle Geruchsorgane werden die Osphradien und Rhinophoren gedeutet. Die ersteren sind knopf- oder leistenförmige, in ihrem Aussehen zuweilen an Kiemen erinnernde Gebilde, die in der Mantelhöhle in der Nähe der Kiemen gelegen sind und sich ziemlich allgemein bei den Prosobranchiern, einem Teil der Opisthobranchier, bei den im Wasser lebenden Pulmonaten, ferner Muscheln und Chitonen vorfinden. Rhinophoren oder Riechtentakel kommen den meisten Nudibranchiern zu (Fig. 56), sie unterscheiden sich von den gewöhnlichen (vorderen) Tentakeln durch ihre reich gefaltete Oberfläche; bei den landbewohnenden Lungenschnecken dürfte die ganze im Bereiche der Tentakeln gelegene Kopfpartie als Geruchsorgan in Anspruch zu nehmen sein, und von 2 kleinen, hinter den Augen gelegenen Grübchen der dibranchiaten Cephalopoden vermutet man, daß sie Organe des chemischen Sinnes darstellen. — Die nur den Amphineuren fehlenden Statocysten liegen fast stets den Pedalganglien dicht an; in ihrem

Baue ähneln sie denen der Krebse (z. B. Mysis). Verletzungen der Organe bedingen Störungen des Gleichgewichtes und der koordinierten Bewegungen. Außer diesen schärfer lokalisierten Sinnesorganen finden sich am ganzen Körper, vornehmlich aber an den Tentakeln, am Fuße, Mantelrande und an den Siphonen Sinneszellen einzeln oder in Gruppen vor, die z. T. wenigstens die Bedeutung von Tastorganen haben. Als Tastorgane faßt man zumeist auch die sogenannten Ästheten auf, das sind Zellen und Zellengruppen, die in bestimmter Weise auf den Schalenstücken der Chitonen angeordnet sind.

Die Haut der Mollusken ist im allgemeinen reich an Pigment- sowie Drüsenzellen, und besonders gehäuft finden wir die letzteren am Mantelrande. Von größeren, schärfer umschriebenen Drüsen seien die Fuß- und Hypobranchialdrüsen der Gastropoden sowie die Byssusdrüse der Lamellibranchier erwähnt. Die im Fuße befindlichen Drüsen liefern nicht nur das schleimige Sekret, das die Unterseite des Fußes überzieht und das Kriechen erleichtert, sie produzieren auch bei manchen Formen (Limax, Limnaea, Planorbis usw.) Schleimfäden, mit deren Hilfe die Tiere wie an einem Taue auf- und abzusteigen vermögen; Janthina bildet sich aus dem Schleime der Fußdrüse, in den zahlreiche Luftblasen eingeschlossen werden, einen Schwimmapparat, ein Floß, das das Tier an der Oberfläche des Wassers flottierend erhält. Eine Fußdrüse ist auch die Byssusdrüse der Muscheln, deren Sekret bräunliche Fäden bildet, die zum An- und Festheften dienen; manche Formen (Lima, Modiola) spinnen sich aus ihm auch Nester. In früheren Zeiten webte man aus den Byssusfäden der Steckmuscheln Strümpfe, Handschuhe und benutzte sie zum Herstellen von Stickereien.

Die in der Mantelhöhle meist in der Nähe der Kieme befindliche, unter den marinen Gastropoden weit verbreitete Hypobranchialdrüse sondert ein farbloses Sekret ab, das aber bei manchen dieser Schnecken, den sogenannten Purpurschnecken (Purpura, Murex usw.), unter dem Einfluß des Lichtes eine intensive rote oder violette Farbe annimmt — es ist dies der Purpurfarbstoff der Alten; einen ähnlichen Farbstoff liefern auch Drüsen, die im Mantelrande der Aplysien gelegen sind. — Wer Gelegenheit hatte, Tintenfische, besonders Octopoden, zu beobachten, wird sich an dem nicht selten auftretenden, bei gereizten Tieren sehr lebhaften Farbenwechsel ergötzt haben; eine schmutziggrau gefärbte Eledone nimmt plötzlich eine intensiv braune Farbe an, und zuweilen laufen förmlich Farbenwellen über das Tier. Diese Farbenveränderungen werden ermöglicht durch in der Haut befindliche, verschiedenartig gefärbte, oft zierlich verästelte Pigmentzellen (Chromatophoren), die sich zusammenziehen und ausdehnen können. Die Ausdehnung wird bedingt durch feine, an die Peripherie der Zellen angeheftete Muskeln; die Kontraktion ist auf die Elastizität der Pigmentzellen selbst zurückzuführen. Die Fähigkeit der Tintenfische, sich der Farbe der Umgebung anpassen zu können, ist damit in Zusammenhang zu bringen, daß das Zentrum der Nerven für die Chromatophoren an einer bestimmten Stelle des Sehganglions gelegen ist; Zerstörung des Sehnerven hebt auch das Farbenspiel im wesentlichen auf.

Von den zahlreichen mächtigen Muskeln des Weichtierkörpers sei nur der Schalenmuskeln der Gastropoden und Lamellibranchier gedacht. Der Schalen-, Spindel- oder Columellarmuskel der ersteren, welcher im Fuße entspringt und an der Schale resp. der Spindel inseriert, dient zum Zurückziehen des Tieres in das Gehäuse; fehlt eine Schale, so verkümmert der Muskel oder er unterliegt einem Funktionswechsel. — Die Schalenmuskeln der Muscheln dienen vornehmlich zum Schließen der Schalenklappen; ein solcher Muskel ist bei den Monomyariern vorhanden, 2 besitzen die

Dimyaria; der eine dieser beiden Muskeln liegt in der vorderen, der andere in der hinteren Schalenhälfte (Fig. 69); eine größere Anzahl von Muskeln verläuft vom Fuße zur Schale, funktionell entsprechen diese im wesentlichen dem Spindelmuskel der Gastropoden.

Der Stamm der **Mollusca** wird, wie schon erwähnt, in 5 Klassen eingeteilt.

1. Kl.: **Amphineura.** Der wurmförmige, rundliche oder ovale, in dorso-ventraler Richtung etwas abgeplattete, symmetrisch gebaute Körper ist entweder mit einer aus 8 einzelnen Stücken bestehenden Schale versehen oder entbehrt einer solchen. Ein Fuß kann vorhanden sein oder fehlen. Mit Rücksicht auf diese bedeutenden Verschiedenheiten unterscheidet man 2 Ordnungen:

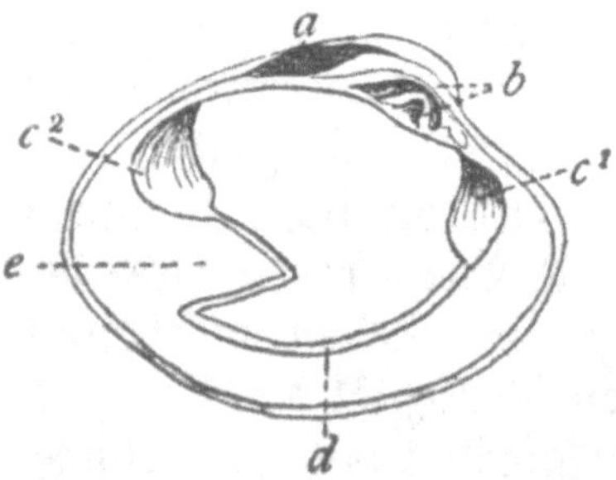

Fig. 69. Innenfläche einer Muschelschale. Nach Lang. a Schloßband, b Schloß, c^1 Ansatzstelle des vorderen, c^2 des hinteren Schließmuskels, d Mantellinie, e Sinus derselben.

1. O.: **Placophora, Chitonidae.** Der im Umriß ovale Körper, dessen Länge zwischen 1 cm und 20 cm schwankt, ist auf der unteren Fläche, die hauptsächlich von dem breiten, sohlenförmigen Fuß gebildet wird, platt, auf der oberen gewölbt. Der Kopf, dem Tentakel und Augen fehlen, ist auf der Bauchfläche durch eine Furche vom Rumpfe geschieden (Fig. 59). Die 8 hintereinander gelegenen Schalenstücke sind auf die mittleren Körperpartien beschränkt (Fig. 51), die seitlichen tragen verschiedenartig gestaltete Stacheln. Ästheten besitzen alle Chitonen, Schalenaugen nur einige Formen. Die Zahl und Anordnung der in der Mantelhöhle befindlichen Kiemen ist eine etwas verschiedene. Diese durchaus marinen, von Pflanzenkost lebenden, trägen Tiere sind vornehmlich Bewohner der Gezeitenzonen, doch finden sich einige Arten auch im Flachwasser, andere in bedeutenden Tiefen. Chiton, Käferschnecke. Die ältesten Arten treten schon im Silur auf.

2. O.: **Aplacophora, Solenogastres.** Dem Habitus nach könnte man diese nur wenige Millimeter bis 10 cm langen Tiere für Würmer halten (Fig. 70, A, B), das Vorhandensein einer

Radula (bei vielen Arten) charakterisiert sie aber deutlich genug als Mollusken. Mit Ausnahme der ventralen Fläche ist der wurmförmige Körper von einer starken Cuticula bedeckt, in die verkalkte Stacheln eingelagert sind (Fig. 70, B). In der Mitte der Bauchfläche findet sich bei den meisten Aplacophoren eine Furche, in die eine schmale Leiste, der reduzierte Fuß, vorspringt. Von Bedeutung für die verwandtschaftlichen Beziehungen der Solenogastres mit den Chitonen ist die Tatsache, daß die Larven (von Dondersia) 7 hintereinander gelegene Schalenstücke besitzen, gleich den Chitonlarven. Sie sind z. T. Schlammbewohner (Chaetoderma), z. T. (Neomenia, Rhopalomenia, Proneomenia) halten sie sich auf den Stöcken von Hydroidpolypen und Korallen auf; über ihre Lebensweise und ihre Beziehungen zu den genannten Polypen ist wenig bekannt.

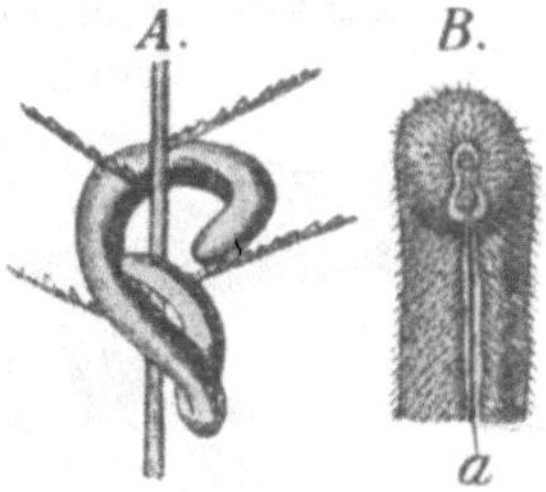

Fig. 70. Proneomenia aglaopheniae, nach Kowalevsky und Marion. Aus Korschelt-Heider. A Das Tier um einen Zweig eines Aglaopheniastöckchens gewunden. B Vorderende vergrößert, von der Ventralseite; a Bauchfurche.

2. Kl.: **Gastropoda, Cephalophora, Schnecken.** Der Körper der Schnecken ist stets asymmetrisch, selbst dann, wenn eine äußere Symmetrie vorliegt, was bei manchen Prosobranchiern und Nudibranchiern der Fall ist. Der Kopf trägt 1 oder 2 Paare von Fühlern sowie die Augen, an seiner vorderen Fläche ist der Mund gelegen. Der ventrale Teil des Rumpfes geht in die Bildung des muskulösen Fußes ein, der dorsale bildet den zumeist deutlich vom Fuß und Kopf abgesetzten, spiralig gewundenen Eingeweidesack, an dessen vorderer Fläche sich die Mantelfalte findet (Fig. 60).

Der Fuß hat bei den kriechenden Formen eine breite Fläche, die zuweilen in eine vordere und hintere Partie geschieden ist; seitlich zusammengedrückt ist er bei den springenden Strombiden sowie (Fig. 71) Xenophoriden und in noch höherem Maße ist dies der Fall bei den pelagisch lebenden und schwimmenden Heteropoden (Fig. 47); da wie dort ist auch die oben erwähnte Differenzierung in einen Vorder- und Hinterfuß ausgeprägt. Nicht selten umsäumt die Fußbasis eine Hautfalte, die mit Fransen oder tentakelartigen Fortsätzen versehen sein kann und nicht mit der Mantelfalte verwechselt werden darf (Haliotis, Fisurella, Fig. 72), sie führt den Namen Epipodium; lappenartige Verbreiterungen der Kriechsohlenränder, wie solche vielen Opisthobranchiern zukommen, werden Parapodien genannt; eine wichtige Rolle als Lokomotionsorgane spielen die Parapodien bei den Pteropoden, sie dienen diesen als Ruder (Fig. 46). In ebenso hohem Maße als durch die Verschiedenheit der Fußform wird das Exterieur durch die Größe und Gestalt des Eingeweidesackes, von dessen Gestalt auch die der Schale abhängt, beeinflußt. Als typisch können die Schnecken mit einem großen, spiralig gewundenen Eingeweidesacke gelten; Reduktionen sind allerdings nicht selten (Patella, Haliotis), auch kann er ganz verstreichen und den Schwund der Schale nach sich ziehen; dies ist der Fall bei Nudibranchiern, bei Pulmonaten wie Limax, Arion und Heteropoden. — Die stets aus einem Stücke bestehende, zumeist spiralig (rechts oder links) gewundene Schale ist sehr verschiedenartig gestaltet: kegelförmig (Trochus), spindelförmig (Fusus), eingerollt (Cypraea), kreiselförmig (Helix), posthornförmig (Planorbis), ohrförmig (Haliotis) usw. Bei den meisten Schalen berühren sich die einzelnen Umgänge in der Achse, um die die Aufwindung erfolgt, und schließen hier mehr weniger dicht aneinander;

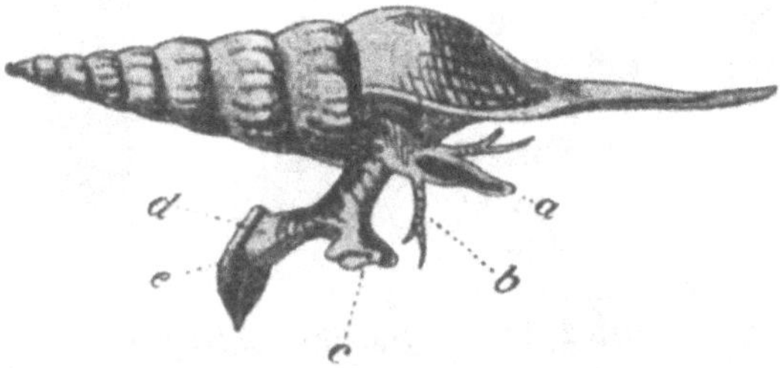

Fig. 71. Rostellaria rectirostris, nach Owen. Aus Lang. a Schnauze, b Fühler, c Vorder-, d Hinterfuß mit Deckel e.

es bildet sich eine axiale Säule, die Spindel oder Columella (Fig. 73), an die sich der früher erwähnte Spindelmuskel anheftet. Bei einigen wenigen Formen (Scalaria pretiosa) sind die Umgänge frei, d. h. sie berühren sich nicht, bei anderen findet in der Achse keine Berührung statt, an Stelle der Spindel bemerken wir hier eine weite trichterförmige Einsenkung, den Nabel (Solarium). Um sich zu orientieren, ob eine Schale rechts oder links gewunden ist, letzteres kommt verhältnismäßig selten vor (Clausilia, Pupa), stellt man dieselbe so auf, daß die Spitze nach oben und die Mündung dem Beschauer zugewandt ist; liegt die Mündung rechts von der Achse, so nennt man sie rechtsgewunden. Die ältesten Umgänge sind die kleinsten, die jüngsten die größten; die ersteren werden bei älteren Schalen zuweilen abgestoßen, die Schalen heißen dann geköpft. Ein Teil des Mündungsrandes ist bei manchen Formen in einen mehr weniger langen, rinnenförmigen Fortsatz, der eine Fortsetzung des Mantels, den Sipho, birgt, ausgezogen oder aber mit einem Einschnitt versehen, durch den der Sipho hervortritt; der Sipho dient der Zuleitung des Wassers zur Mantelhöhle, die Respiration wird also auch dann nicht unterbrochen, wenn die Schalenmündung durch einen Deckel geschlossen ist. Die nicht spiralig gewundenen sondern napfförmigen Schalen von Patella, Fissurella sind nicht, wie man vielleicht meinen könnte, als ursprüngliche sondern als sekundär abgeänderte Formen aufzufassen. Vielfach sind die Gehäuse der Schnecken an ihrer Außenfläche mit Rippen, Tuberkeln und Stacheln verziert; alle diese Bildungen dürften auf querverlaufende Rippenbildungen, die den Zuwachsstreifen entsprechen und mannigfachen Veränderungen unterliegen, zurückzuführen sein. Eine noch größere Mannigfaltigkeit als in der Skulpturierung tritt uns in der oft außerordentlich zierlichen Zeichnung der Schalen vornehmlich mariner Gastropoden entgegen; es ist nicht unwahrscheinlich, daß dieselben ihren Ausgangspunkt von einfachen Längsstreifen genommen haben, die sich in Flecke auflösten, deren verschiedenartige Zusammenordnung alsdann Querstreifung, Netzzeichnung usw. ergab. Es sei fernerhin auf die Schlitze und regelmäßig angeordneten Löcher in den Schalen mancher Gastropoden wie Fisurella und Haliotis hingewiesen; sie entsprechen Öffnungen im Mantel, welche zur Ausfuhr des Atemwassers und der Fäzes Verwendung finden; doch dürften sie auch, besonders dann, wenn die Tiere der Unterlage fest aufliegen, als Eingangspforten für das Wasser in Betracht kommen.

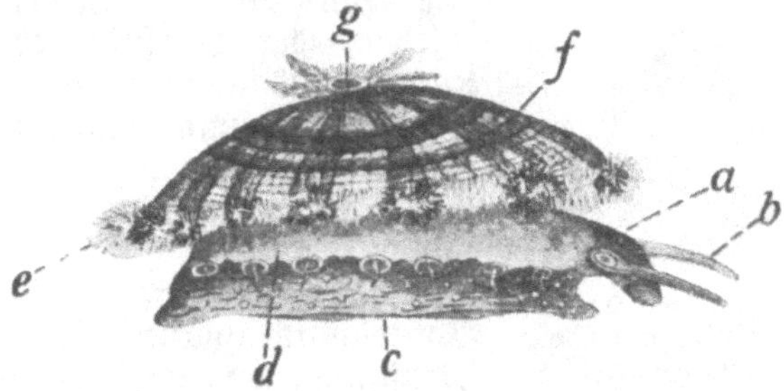

Fig. 72. **Fissurella maxima**, nach Brown. Aus Lang. a Kopf, b Fühler, c Fuß, d Epipodium, e Mantelrand mit fransenartigen Anhängen, f Schale, g dorsale Schalenöffnung.

Es ist bekannt, daß die Weinbergschnecke und verwandte Formen beim Eintritte ungünstiger äußerer Verhältnisse, sei es nun Kälte oder Trockenheit, einen Kalkdeckel absondern, mit dem sie die Mündung des Gehäuses verschließen. Dieser Deckel, das Epiphragma, ist wohl zu unterscheiden von dem Deckel (Operculum), der bei vielen

Prosobranchiern auf der Rückenfläche der hinteren Fußpartie gelegen ist und von dieser abgeschieden wird (Fig. 71); zieht sich das Tier in die Schale zurück, so verschließt das Operculum die Mündung derselben.

Bezüglich der Anatomie sei auf das früher Gesagte verwiesen.

1. Leg.: **Streptoneura, Prosobranchia, Vorderkiemer.** Getrennt geschlechtliche Gastropoden mit gekreuzten Visceralkonnektiven und einem Tentakelpaar; die in der Ein- oder Zweizahl vorhandenen, zuweilen fehlenden und durch adaptive Kiemen ersetzten Ctenidien liegen vor dem Herzen; die Herzkammer liegt hinter der Vorkammer.

1. O.: Die **Diotocardia** oder **Aspidobranchia** besitzen noch keine scharf umschriebenen Pedalganglien sondern Pedalstränge. Die rechte Niere dient, von den Neritaceen abgesehen, der Ausfuhr der Geschlechtsprodukte; Kopulationsorgane fehlen im allgemeinen. Mit wenigen Ausnahmen marine Formen: Fissurella (Fig. 60, 72), Haliotis (Seeohr), Turbo, Trochus, Patella (Napfschnecke). Neritina, Süßwasser.

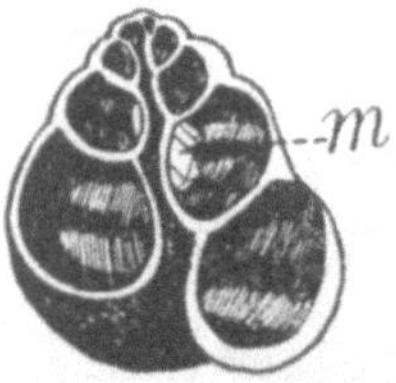

Fig. 73. Durchschnitt durch die Schale von Helix, nach Howes. Aus Lang. Die Spindel ist in ganzer Länge durchschnitten, m Spindelmuskel.

2. O.: **Monotocardia, Pectinibranchia.** Vornehmlich marine Schnecken mit nur einem Ctenidium, einem Herzvorhofe, einer Niere und besonderen Ausführungen für die Gonaden nebst Kopulationsorganen. Conus (Kegelschnecke), Mitra, Murex, Purpura, Buccinum (Wellhorn), Dolium, Cypraea, Scalaria, Janthina, Natica (mit einer am Rüssel befindlichen, Schwefelsäure (?) ausscheidenden Drüse zum Anbohren von Molluskenschalen). — Paludina und Bythinia sind Süßwasserformen.

Hier schließen sich die pelagisch lebenden Heteropoden oder Kielfüßer an (Fig. 47), deren Fuß in eine senkrecht gestellte Flosse umgewandelt ist; Atlanta, Pterotrachea, Carinaria.

2. Leg.: **Euthyneura.** Hermaphroditische Gastropoden mit ungekreuzten Visceralkonnektiven (exkl. Actäon sowie Chilina) und meist 2 Fühlerpaaren.

1. O.: **Opisthobranchia, Hinterkiemer.** Die nur in der Einzahl vorhandene, nicht selten fehlende echte Kieme (Ctenidium) liegt stets hinter dem Herzen und dementsprechend liegt der Vorhof hinter der Herzkammer; die Mantelfalte und Schale fehlen zu-

weilen, Parapodien sind häufig wohl ausgebildet. Zu den Opisthobranchiern, von denen als typische Vertreter Actaeon und Aplysia (Seehase) genannt seien, gehören auch die pelagisch lebenden Pteropoden oder Flossenfüßer (Fig. 46), deren Parapodien flügelartige Flossen darstellen (z. B. Limacina, Clione, Hauptnahrung der Walfische, Dexiobranchaea) und die meist prächtig gefärbten, vielfach mit Rückenhängen versehenen Nudibranchia, denen stets eine Schale und ein Ctenidium mangeln. Die vorderen, zuweilen fehlenden Tentakel der Nudibranchier bilden bei manchen Formen einen breiten Lappen, ein Stirnsegel (Tethys), die hinteren sind sogenannte Rhinophoren. In die Rückenanhänge der Nudibranchia cladohepatica setzt sich die reich verästelte Mitteldarmdrüse fort und bei den Aolidiern treffen wir an der Spitze der Rückenanhänge auf Anhäufungen von Nesselzellen, die aber nicht von den Tieren selbst produziert werden, sondern von der aufgenommenen Nahrung herrühren; obwohl Fremdkörper, so dienen sie doch den Schnecken als Verteidigungsmittel; die Rückenanhänge reißen sehr leicht ab, regenerieren sich aber rasch wieder. Doris (Fig. 56), Aeolis (Fig. 45), Elysia, Tethys.

2. O.: **Pulmonata, Lungenschnecken.** Die im Gegensatz zu den durchaus marinen Opisthobranchiern zumeist das Land und Süßwasser bewohnenden Pulmonaten atmen durch eine Lunge, d. h. es ist das Dach der Mantelhöhle mit einem respiratorischen Gefäßnetze versehen. Mit nur einem Paare nicht zurückziehbarer Fühler sind die Basommatophora versehen (Chilina, Limnaea, Planorbis), 2 Paare retraktiler Fühler besitzen die meisten Stylommatophora (Helix, Succinea, Pupa, Clausilia, Limax, Arion, Oncidium), bei denen die Augen an der Spitze der hinteren Fühler gelegen sind.

3. Kl.: **Scaphopoda, Solenoconchae.** Die Vertreter dieser kleinen, ausschließlich marinen und nur wenige Genera umfassenden Molluskengruppe besitzen einen bilateral-symmetrischen, gestreckten Körper, der fast vollständig von dem nur am vorderen und hinteren Ende offenen Mantel umhüllt wird (Fig. 49). Der bei manchen Arten von blattförmigen Anhängen umstellte Mund liegt an der Spitze des schnauzenartig verlängerten Kopfes; hinter der Schnauze entspringen von den seitlichen Partien des Kopfes 2 Büschel kontraktiler Fäden, die Captacula, die zum Fangen der vornehmlich aus Foraminiferen bestehenden Beute dienen, aber auch die Funktion von Sinnesorganen haben dürften. Der zylindrische, an seinem freien Ende cheibenförmig verbreiterte oder dreilappige Fuß, in dem die

Pedalganglien und die Statocysten gelegen sind, inseriert direkt hinter dem Kopfe und dient zum Graben im Sande. Dicht hinter ihm mündet der After nach außen und seitlich von diesem sind die Nephridialporen gelegen, von denen der rechte auch zur Entleerung der Geschlechtsprodukte dient, da sich die im oberen (hinteren) Teil des Eingeweidesackes befindliche Gonade in die rechte Niere öffnet. Die leicht gebogene, im allgemeinen kegelförmige, im Querschnitt runde oder fünfkantige Schale ist an beiden Enden offen. In allen Meeren. Dentalium.

4. Kl.: **Lamellibranchia (Pelecypoda, Acephala, Bivalva) Muscheln.** Der seitlich komprimierte, bilateral symmetrische, von den 2 Mantellappen umhüllte Körper der Muscheln entbehrt eines deutlichen Kopfabschnittes; Tentakel, Kopfaugen, Kiefer, Pharynx und Radula fehlen. Einen keil- oder beilförmigen Fuß besitzen die im Schlamme grabenden Muscheln, walzenartig und knieförmig gebogen ist er bei springenden Formen (Cardium) und auch der mit einer breiten Kriechsohle versehene Fuß der Protobranchia, wird zum Springen benutzt; eine Reduktion dieses Organs ist eingetreten bei den festsitzenden Formen wie Ostrea, Pinna usw. Die im Fuß befindliche Byssusdrüse zeigt eine ungemein variable Ausbildung; rückgebildet oder geschwunden ist sie im allgemeinen bei den im Schlamme oder Sande grabenden, in Röhren oder Höhlungen lebenden Muscheln und bei einem Teile der festsitzenden; mächtig entwickelt ist dabei der Fuß bei den Vertretern der zuerst genannten Kategorie (z. B. Unioniden), reduziert bei den anderen. — Die freien Ränder der beiden Mantellappen sind entweder in ganzer Ausdehnung getrennt oder sie vereinigen sich an einer oder an mehreren Stellen miteinander, und zwar treten die Verwachsungen zumeist am hinteren Rande des Mantels auf. Ist nur eine solche Verwachsungsstelle vorhanden, so wird zunächst eine besondere Öffnung in der Nähe des Afters gebildet, durch die das Wasser aus der Mantelhöhle ausströmt, zugleich auch die Fäzes mit sich führend (Fig. 74, A). Eine zweite,

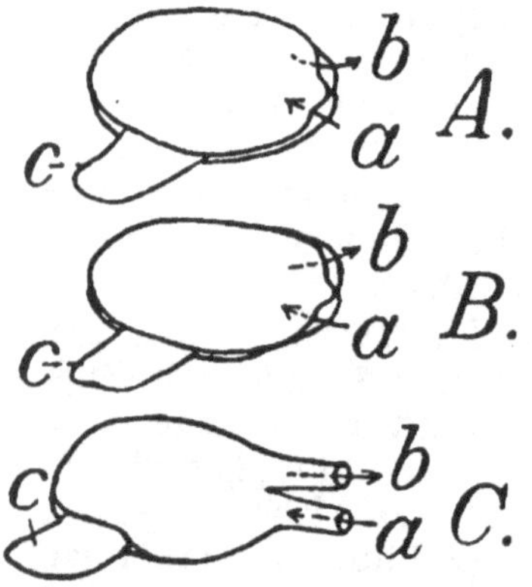

Fig. 74. Verschiedene Fälle von Verwachsung der Mantelränder und Siphonenbildung bei Muscheln. Aus Lang. a Einfuhr-, b Ausfuhröffnung resp-Sipho, c Fuß.

etwas mehr nach vorn gelegene Verwachsung bedingt die Bildung eines Schlitzes, durch den das Atemwasser, das auch die Nahrungspartikel mit sich führt, in die Kiemenhöhle tritt, und durch den vordersten langen Spalt kann der Fuß hervorgestreckt werden (Fig. 74, B); verlängern sich die Ränder in der Umgebung der Ein- und Ausfuhröffnung rohrartig (Fig. 74, C), so spricht man von Siphonen und unterscheidet einen Anal- und Branchialsipho. — Die beiden Schalenklappen sind auf der Rückenfläche durch das zwischen oder direkt hinter den beiden Wirbeln, das sind die ältesten, buckelartig hervortretenden Teile der Schalenhälften, gelegene Schloß und das Schloßband miteinander verbunden. Die „Schloß" genannte Partie des Schalenrandes (Fig. 69) ist meist mit zahnartigen Bildungen, die nach den Arten sehr verschieden gestaltet sein können, versehen; die Zähne der einen Seite passen in entsprechende Vertiefungen der anderen, die Verbindung ist mithin eine feste. Das Ligament oder Band besteht aus einer elastischen Substanz, die zusammengepreßt wird, wenn sich die Schalenmuskeln (S. 119) im Zustande der Kontraktion befinden, die Schale geschlossen ist; beginnen die Muskeln zu erschlaffen, so dehnt sich das Ligament infolge seiner Elastizität aus, die Schale klafft infolgedessen; das Band wirkt hier als Antagonist der Schalenschließer, und es ist begreiflich, daß bei toten Muscheln, deren Muskeln erschlafft sind, die Schale stets offen sein wird (Fig. 75).

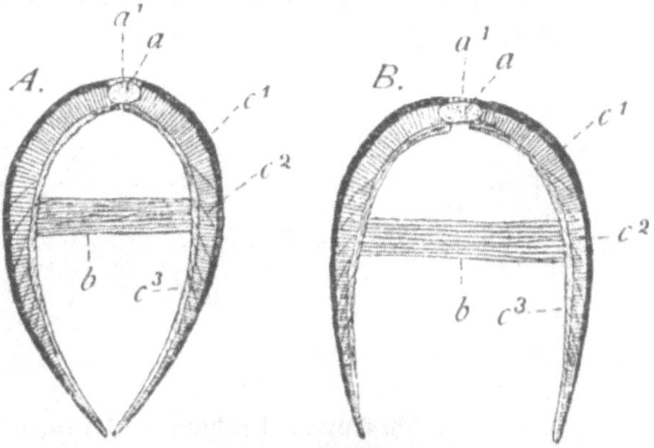

Fig. 75. **A Geschlossene, B geöffnete Muschelschale. Nach Lang. a, a^1 Schloßband, b Schließmuskel der Schalenklappen, c^1 Cuticula, c^2 Prismen-, c^3 Perlmutterschicht der Schale.**

Bei Betrachtung der Innenfläche leerer Schalen fallen dem Beschauer Eindrücke in der Schalensubstanz auf, von denen sich einer oder zwei durch besondere Größe auszeichnen (Fig. 69), es sind dies die Ansatzpunkte der Schließmuskeln der Schalen; eine meist deutlich wahrnehmbare Linie, die dem Schalenrande parallel verläuft, die Mantellinie, deutet jene Stelle an, an der der Mantel durch kleine Muskelchen angeheftet ist, und das Vorhandensein von Siphonen ist aus einer Einbuchtung (Sinus) der Mantellinie zu erschließen (Fig. 69). Gewöhnlich sind die Schalenhälften symmetrisch gestaltet und von gleicher Größe, doch gibt es auch Ausnahmen; die bekannteste bildet die Auster, bei der die linke, an die Unterlage angeheftete Schale größer und tiefer ist als die rechte, die nur eine Art Deckel bildet.

Der systematischen Einteilung hat man neuerdings den Bau der Kiemen zugrunde gelegt (Fig. 76), und wir unterscheiden 4 Ordnungen:

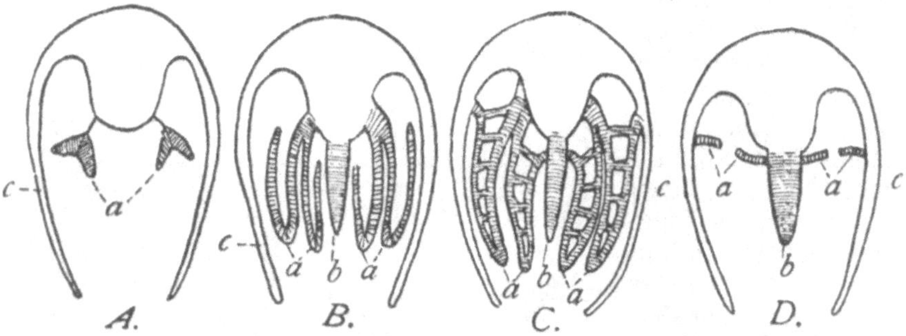

Fig. 76. Schematische Querschnitte durch Muscheln, um das Verhalten der Kiemen bei den Protobranchiern (A), den Filibranchiern (B), den Eulamellibranchiern (C) und den Septibranchiern (D) zu zeigen. Aus Lang. a Kiemen, b Fuß, c Mantelfalten.

1. O.: **Protobranchia.** Die in der hinteren Partie der Mantelhöhle befindlichen, verhältnismäßig kleinen Kiemen sind von federförmiger Gestalt (Fig. 76, A) und ähneln denen der Diotocardier; der Fuß ist mit einer Kriechsohle versehen. **Yoldia, Nucula,** marin.

2. O.: **Filibranchia.** Jede der beiden blattartigen Kiemen besteht aus 2 Reihen, einer äußeren und einer inneren, hintereinander angeordneter langer Fäden, deren terminale Partien dorsalwärts gebogen sind, so daß also ein jeder Faden eine V-förmige Gestalt hat (Fig. 76, B); die benachbarten Fäden sind durch Wimperbüschel (Wimperscheiben) miteinander verbunden. Der Fuß ist zumeist mit einer ansehnlichen Byssusdrüse ausgestattet. **Mytilus** (Miesmuschel, eßbar), **Lithodomus, Pecten, Meleagrina** (**M. margaritifera,** Perlmuschel, Indischer Ozean, Persischer Meer-

busen). Lithodomus gehört zu jenen Lamellibranchiern, welche Löcher in Kalkfelsen bohren, und zwar geschieht dies hier mit Hilfe einer Säure, die von im Mantel befindlichen Drüsen produziert wird.

3. O.: **Eulamellibranchia.** Die Kiemen haben in dieser Gruppe eine ausgesprochen blattförmige Gestalt, und zwar kommen die beiden Blätter jeder Seite dadurch zustande, daß die auf- und absteigenden Schenkel der Fäden durch Anastomosen verbunden werden, und das gleiche ist bezüglich der Fäden der äußeren Reihe unter sich und der inneren (unter sich) (Fig. 76, C) zu konstatieren. Hierher gehören: Ostrea (Auster), Pinna (Steckmuschel), die Süßwasserformen Unio (Malermuschel), Anodonta (Teichmuschel), Margaritana (Flußperlmuschel); Tridacna, marin, erreicht samt Schale ein Gewicht von 100—200 kg, wovon ca. 10 kg auf das Tier entfallen; Pholas, die Bohrmuschel und verwandte Arten haben die Fähigkeit, durch raspelnde Bewegungen der Vorderränder der Schale Löcher in weiches Gestein und in Holz zu bohren. Eine langgestreckte Gestalt besitzen die Teredo-Arten oder Schiffsbohrwürmer, deren eigentliche Schale ungemein klein ist; die lange Kalkröhre ist eine vom Mantel abgeschiedene besondere Bildung, die das Bohrloch auskleidet. — Von parasitischen Formen sei Entovalva, Entoparasit in Synapta genannt.

4. O.: **Septibranchia.** Die Kiemen bilden jederseits ein quergestelltes, muskulöses Septum (Fig. 76, D), durch das die Mantelhöhle in eine dorsale und eine ventrale Partie geschieden wird. Durchaus marin. Poromya.

5. Kl.: **Cephalopoda, Kopffüßer.** Das Charakteristische und Eigentümliche des Cephalopodenkörpers ist im wesentlichen bedingt durch die Form und Lage des Fußes, der z. T. nach vorn auf den Kopf verschoben ist und hier die „Arme" bildet, z. T. als „Trichter" hinter dem Kopfe gelegen ist (Fig. 43, 78). Die Längsachse des Körpers ist außerordentlich verkürzt und die scheinbar bedeutende Länge mancher Tintenfische ist auf die ansehnliche Höhe des Eingeweidesackes zurückzuführen. Bei einem Vergleich mit anderen Mollusken müssen wir die sogenannte hintere Körperspitze als den höchsten Punkt des Rückens, die sogenannte dorsale und ventrale Seite als vordere bzw. hintere Rückenfläche bezeichnen; die Mantelhöhle erreicht demnach ihre größte Ausdehnung auf der Rückenfläche (Fig. 50). Die bilaterale Symmetrie erfährt zumeist dadurch eine Störung, daß die Geschlechtsgänge nur einseitig entwickelt sind. Eine Schale kann vorhanden sein oder fehlen. Die Cephalopoden umfassen 2 Ordnungen:

1. O.: **Tetrabranchia.** Der Kopfteil des Fußes trägt zahlreiche, 60—90, tentakelartige Anhänge, den Trichter bilden 2 getrennte Lappen, die sich zur Bildung einer Röhre aneinanderlegen, aber nicht miteinander verschmelzen. Die spiralig aufgerollte Schale ist gekammert, und es bewohnt das Tier nur die jüngste und größte Kammer; ein röhrenförmiger Fortsatz des Mantels, der Sipho, durchbricht jedoch die Septen, welche die einzelnen Kammern scheiden, und durchzieht so die ganze Schale (Fig. 77); alle unbewohnten Kammern sind von einem stickstoffhaltigem Gase erfüllt, und die Schale wird so zu einem hydrostatischen Apparate; bemerkt sei, daß die Schale nach v o r n eingerollt ist und nicht wie die äußerlich ähnliche, aber nicht gekammerte P l a n o r b i s-schale nach hinten; man nennt eine solche Schale exogastrisch eingerollt. Es sind 2 Kiemenpaare und dementsprechend 4 Herzvorhöfe vorhanden. Der einzige Vertreter dieser in früheren Erdperioden reich entwickelten Cephalopodengruppe ist N a u t i l u s, der im Stillen Ozean lebt.

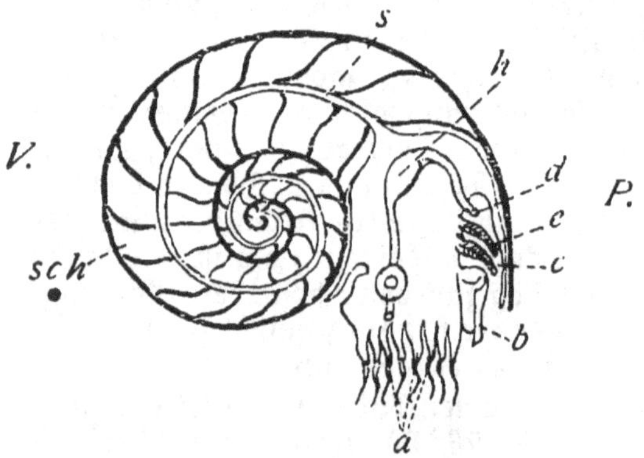

Fig. 77. N a u t i l u s, schematischer Längsschnitt. Nach L a n g. a Tentakel, b Sipho, sch Schale, übrige Bezeichnnngen wie in Fig. 50.

2. O.: **Dibranchia.** Die Dibranchiaten besitzen nur 2 Kiemen und 2 Herzvorkammern. 8 oder 10 mit Saugnäpfen zuweilen auch mit Haken versehene Arme umgeben den Kopf, der Trichter ist röhrenförmig. Die zumeist rudimentäre Schale liegt fast immer in einer Tasche des Mantels, häufig fehlt sie ganz. Ausschließlich marine Formen, die zuweilen eine riesige Größe, 2,5 m Körperlänge, erreichen.

1. U.-O.: *Decapoda* (Fig. 78). Von den 10 Armen zeichnen sich 2, die in besondere Taschen zurückgezogen werden können und nur am distalen Ende mit Haken oder Saugnäpfen besetzt sind, durch bedeutende Größe aus; sie dienen hauptsächlich zum Fange der Beute (Fangtentakel); flossenartige Bildungen und Hautsäume am Körperrande sind häufig vorhanden. S e p i a, S e p i o l a, L o l i g o (Fig. 78), H i s t i o t e n t h i s; S p i r u l a, mit einer kleinen spiralig gewundenen, nur z. T. vom Mantel bedeckten Schale.

2. U.-O.: *Octopoda* (Fig. 43). Den Octopoden fehlen die Fangtentakel, es sind mithin nur 8 Arme vorhanden. Die Schale wird meist vollständig vermißt (Fig. 43), Octopus, Eledone, Argonauta; die Weibchen von Argonauta besitzen allerdings eine solche, doch handelt es sich hier um eine Bildung, die nicht vom Mantel, sondern von den dorsalen Armen abgeschieden wird.

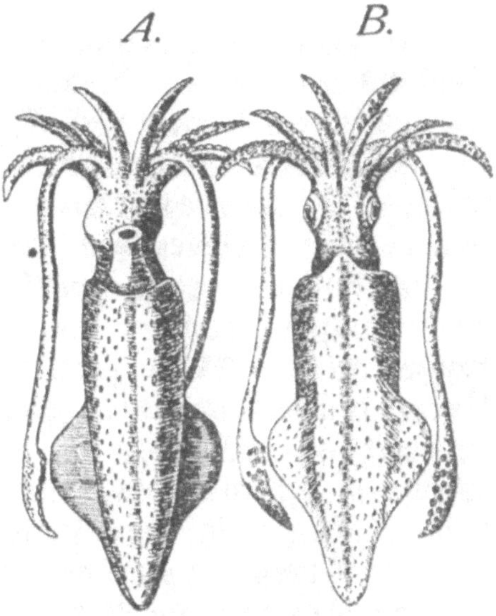

Fig. 78. Loligo vulgaris, nach D'Orbigny. Aus Lang. A von der hinteren (unteren), B von der vorderen (oberen) Fläche.

Molluscoidea, Tentaculata.

Unter diesem Namen werden gewöhnlich 3 Tiergruppen zusammengefaßt: die wurmförmigen Phoroniden, die Bryozoen oder Moostierchen und die muschelähnlichen Brachiopoden oder Armfüßer, die allerdings im Habitus sehr auffällige Verschiedenheiten aufweisen, im anatomischen Baue dagegen bedeutende Übereinstimmungen erkennen lassen. Sehr charakteristisch ist für alle Molluskoideen der Besitz einer größeren Anzahl von Tentakeln, die in Form eines Kreises oder Hufeisens am vorderen Körperende angebracht sind. Wenig deutlich ist diese Anordnung bei den erwachsenen Brachiopoden ausgeprägt, hier müssen wir uns an gewisse Larvenstadien halten, um sie klar zu erkennen. — Eine direkte Verwandtschaft zwischen den Tentaculaten und Mollusken besteht nicht; gleich diesen sind jene, worauf die Larvenformen hindeuten, von Anneliden abzuleiten.

1. Kl.: Phoronidea.

Die Phoroniden, marine 3—127 mm lange, wurmartige Tentaculaten, wohnen in dünnwandigen, von den Tieren selbst gebildeten Röhren, deren Außenfläche von Sandkörnchen und Schlammpartikelchen bedeckt wird. Die Ränder des abgesetzten Vorderendes erheben sich zu einem kragenartigen Saume von Hufeisenform, dem sogenannten Lophophor (s. Fig. 79), von welchem die Tentakel ausgehen. Der von einer Hautfalte, Epistom, überdeckte, innerhalb des Tentakelkranzes gelegene Mund führt in einen V-förmig gebogenen Darm, dessen Ausmündungsstelle der Eingangspforte sehr genähert ist, doch liegt der After, wie bei den meisten Bryozoen, außerhalb des Tentakelkranzes und zwar auf der Rückenfläche (s. Fig. 79). Durch 2 kleine, seitlich vom After gelegene Poren münden die kurzen, schlauchförmigen, mit der Leibeshöhle in offener Verbindung stehenden Exkretionsorgane aus, die auch zur Ausfuhr der Geschlechtsprodukte dienen; diese entwickeln sich im Epithel der Leibeshöhle. In dem wohlentwickelten Blutgefäßsystem zirkuliert eine rot gefärbte Flüssigkeit; der Blutfarbstoff ist hier an die Blutkörperchen gebunden.

Als Respirationsorgane kommen vornehmlich die Tentakel in Betracht, die auch das Herbeistrudeln der aus kleinen einzelligen Organismen bestehenden Nahrung besorgen. Das Zentralnervensystem ist wenig entwickelt, höher differenzierte Sinnesorgane scheinen zu fehlen.

Phoronis-Arten sind in den verschiedensten Meeren gefunden worden; sie leben zumeist auf dem Meeresgrunde in kleinen Kolonien, deren Einzeltiere jedoch volle Selbständigkeit bewahren. Die unter dem Namen Actinotrocha bekannte Larve der Phoroniden zeigt nicht unbedeutende Ähnlichkeiten mit einer Annelidenlarve.

2. Kl.: Bryozoa, Polyzoa, Moostierchen.

Mit Ausnahme sehr weniger Formen bilden die Bryozoen einige Millimeter bis mehrere Zentimeter große Stöckchen oder Cormen von strauch-, moos- oder fächerförmiger Gestalt. Die Einzelindividuen eines Stöckchens sind entweder von gleicher Gestalt und gleichem Bau, oder sie zeigen gleich den Einzeltieren der polymorphen Hydroidpolypenstöckchen recht bedeutende Verschiedenheiten, die natürlich in Beziehung zur speziellen Funktion stehen. Betrachten wir zunächst ein Einzelindividuum von Plumatella (Fig. 79), einer der wenigen Formen, die im süßen Wasser zu finden sind, so können wir eine nicht geringe Ähnlichkeit in der Organisation mit Phoronis feststellen. An dem etwa zylindrischen Körper des ausgestreckten Tieres macht sich eine kleine ringförmige Falte, die Duplikatur, bemerkbar, die eine Scheidung des Körpers in eine vordere und eine hintere Partie zuläßt. Diese letztere wird von einer festen, pergamentartigen Cuticula umhüllt, und in sie kann die vordere, nur von einer zarten Cuticula bedeckte, mit Hilfe besonderer Muskeln (Fig. 79, g) zurückgezogen werden. Das abgestutzte Vorderende ist ähnlich gestaltet wie das von Phoronis; ein hufeisenförmiger Lophophor trägt auch hier eine ansehnliche Zahl bewimperter Tentakel, die zum Herbei-

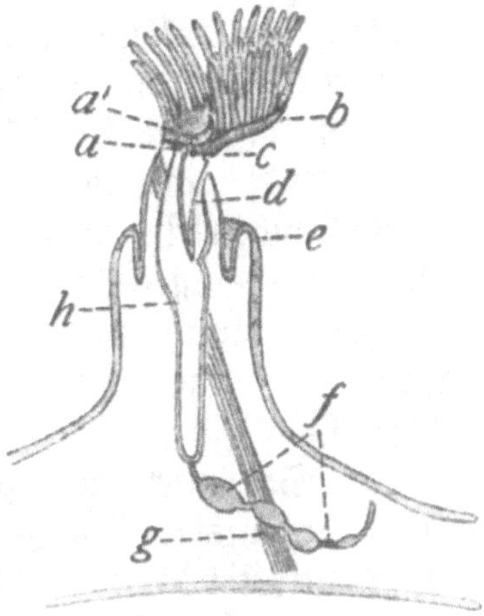

Fig. 79. Plumatella repens, Einzelindividuum im Durchschnitt mit Ausnahme des Tentakelkranzes, von dem nur einige Tentakel weggelassen wurden, um das Epistom hervortreten zu lassen. a Mund, a¹ Epistom, b Lophophor mit den Tentakeln, c Gehirn, d Enddarm, e Duplikatur, f Funiculus mit Statoblasten, g Retraktormuskel, h Darm.

strudeln der Nahrung dienen und die Respiration vermitteln. Mund und After haben die gleiche Lage wie bei Phoronis, der Darm zeigt die gleiche v-förmige Biegung. Von der Biegungsstelle des Darmes geht ein Zellstrang, Funiculus genannt, aus, der zur Körperwand verläuft und bei den Bryozoen des süßen Wassers eine besonders wichtige Rolle spielt, da in ihm die sogenannten „Statoblasten" gebildet werden. Es sind dies den Gemmulae der Spongien vergleichbare, von einer festen, meist lufthaltigen Hülle umschlossene Zellenhaufen, die gewöhnlich im Herbste auftreten, den Winter überdauern, um sich im Frühjahr zu einem neuen Individuum zu entwickeln, das, durch Knospenbildung sich vermehrend, eine neue Kolonie erzeugt. Neben der ungeschlechtlichen Vermehrung besteht natürlich eine geschlechtliche; die Geschlechtszellen (die Bryozoen sind fast durchaus Hermaphroditen) finden sich an bestimmten Stellen in dem Epithel, das die Leibeshöhle auskleidet und den Funiculus überzieht.

Die Spermien gelangen, soweit bekannt, durch die Exkretionsorgane nach außen, die Eier, die in der Leibeshöhle des Muttertieres befruchtet werden, durchlaufen ihre Entwicklung in einer Art Tasche, dem Brutsacke, der sich zur Zeit der Geschlechtsreife in der Nähe des Ovariums bildet. Als Exkretionsorgane werden 2 Kanäle gedeutet, die, mit trichterförmigen Öffnungen in der Leibeshöhle (Cölom) beginnend, durch einen gemeinsamen Porus in der Nähe des Afters ausmünden. Das dem Vorderdarm aufliegende Gehirn oder obere Schlundganglion entsendet Nerven zu den Tentakeln, deren Epithel Sinneszellen enthält, zum Darme usw.; schärfer differenzierte Sinnesorgane fehlen und auch ein Blutgefäßsystem ist nicht vorhanden.

Die marinen Bryozoen oder **Gymnolaemata** unterscheiden sich von den Süßwasserformen, die einen ähnlichen

Bau wie **Plumatella** besitzen, den **Phylactolaemata**, durch den Mangel eines Epistoms und die kranz-, nicht hufeisenförmige Anordnung der Tentakel. Wir vermissen bei ihnen fernerhin die sogenannte Duplikatur; die Grenze zwischen der vorderen und hinteren Körperregion wird durch eine plötzliche und bedeutende Verdickung der Cuticula, die überdies am hinteren Körperabschnitte von Kalksalzen imprägniert sein kann, markiert; die Cuticula dieses Abschnittes bildet eine schützende Hülle, die „Ektocyste", in die auch der vordere Teil des Körpers zurückgezogen werden kann. Das unterhalb der Ektocyste gelegene Körperepithel, die auf dieses folgende Muskulatur, sowie das die Leibeshöhle auskleidende Peritonealepithel bezeichnet man zusammen als „Endocyste"; Endo- und Ektocyste führen den gemeinsamen Namen „Cystid", „Polypid" nennt man im Gegensatz hierzu den vorderen Teil des Körpers samt Darm. Diese auf den ersten Blick befremdliche, scharfe Gegenüberstellung der beiden Körperregionen findet ihre Erklärung in dem Umstande, daß bei älteren Individuen der gymnolaemen Bryozoen die Polypide zugrunde gehen, die Cystide hingegen erhalten bleiben und durch eine Art Knospungsprozeß neue Polypide erzeugen.

Im allgemeinen schließen sich die typisch gebauten Individuen der **Gymnolaemata** in ihrer Organisation an die **Phylactolaemata** an, doch fehlen besondere Exkretionsorgane. Die Exkretionsprodukte werden von dem Darmepithel abgeschieden, es spielt jedoch hierbei, und dies gilt auch für die Phylactolämen, das Leibeshöhlenepithel eine Rolle; das Absterben der Polypide ist möglicherweise auf eine sehr reichliche Anhäufung von Exkretionsstoffen im Darmepithel zurückzuführen. Die Entwicklungsstätte der Geschlechtszellen ist das Peritonealepithel; bei einer Anzahl der marinen Bryozoen, den *Cyclostomata* sind besondere Geschlechtsindividuen, die in ihrem Baue von den normalen beträchtlich abweichen, vorhanden, und in der Gruppe der *Chilostomata* dienen reduzierte Einzeltiere, sogenannte Ovicellen, zur Beherbergung der sich entwickelnder Eier. Außer den Ovicellen finden wir bei den *Chilostomata* auch noch die „Avicularien" und „Vibracularien", das sind Individuen, die an Größe hinter den übrigen zurrückstehen und ganz speziellen Funktionen angepaßt sind; die vogelkopfartigen Avicularien fangen die Beute, die keulenförmig gestalteten Vibracularien fegen Substanzen, die die Kolonie beschmutzen könnten, hinweg. Die phylactolämen und gymnolämen Bryozoen faßt man als **Ectoprocta** zusammen, da bei ihnen der After außerhalb des Tentakelkranzes gelegen ist und stellt ihnen die **Endoprocta** gegenüber, bei denen die Analöffnung innerhalb des Tentakelringes sich vorfindet. Diese unterscheiden sich auch noch in anderer Beziehung so wesentlich von jenen, daß sie wohl mit gutem Rechte von manchen Zoologen zu den Scoleciden (Bd. I, S. 87) gestellt werden. Die teils in kolonialen Verbänden, teils solitär lebenden Vertreter dieser kleinen Gruppe sind mit wenigen Ausnahmen Bewohner des Meeres. Am Rande des glockenförmigen, mit einem Stiele versehenen Körpers steht ein Kranz von 18—20 einrollbaren Tentakeln; in der von den Tentakeln umschlossenen Fläche liegen der Mund, der After, die unpaare Geschlechtsöffnung und die beiden Exkretionsporen. Die Vermehrung erfolgt außer auf geschlechtlichem Wege auch hier durch Knospung.

Von Phylactolämen seien Plumatella repens und Cristatella mucedo genannt. Die 3—5 cm großen, zungenförmigen Cormen von Cristatella sind frei beweglich und können auf Pflanzen und Steinen umherkriechen; die unregelmäßig verästelten, ebenfalls sehr ansehnlichen Stöcke von Plumatella liegen der Unterlage, Brettern, Pflanzen dicht auf. Von Gymnolämen mögen Alcyonidium, Flustra,

Bugula und Paludicella, die letztere im süßen Wasser, Erwähnung finden.

Von Endoprocten findet sich im Mittelmeer und in der Nordsee häufig Pedicellina echinata.

3. Kl.: Brachiopoda, Armfüßer.

Die Brachiopoden, welche wir schon in den cambrischen, also ungemein alten Schichten der Erde antreffen und die im Silur, Devon und Karbon durch zahlreiche Arten und Genera in den Meeren vertreten waren, werden in der jetzigen Fauna nur durch relativ wenige, artenarme Geschlechter repräsentiert, die aber auch schon in den früheren Erdperioden existierten. In ihrem Habitus ähneln sie Muscheln; diese Ähnlichkeit wird bedingt durch das Vorhandensein einer zweiklappigen, bei den **Testicardines** mit einem Schloß versehenen, kalkigen Schale, doch gehören die Schalenklappen nicht der rechten und linken Seite des Tieres an, die eine bezeichnet vielmehr die dorsale, die andere die ventrale Fläche; sehr bedeutend sind dann weiterhin die Verschiedenheiten im Bau der Brachiopoden und Lamellibranchier. Von der vorderen Fläche des Weichkörpers, der nur die hintere Hälfte oder das hintere Drittel der Schale voll ausfüllt, entspringen die beiden spiralig aufgerollten Arme (Fig. 80), die bei den **Testicardines** durch ein mehr weniger ansehnliches Kalkgerüst, das von der dorsalen Schalenklappe ausgeht, gestützt werden; Die Arme selbst sind in ihrer Lage auch bei den **Ecardines**, denen das Armgerüst fehlt, wenig veränderlich und nur bei einigen Formen, so z. B. Rhynchonella, Lingula, können sie aus der Schale, die durch Muskeln geöffnet und geschlossen wird, hervorgestreckt werden; sehr beweglich sind dagegen die kleinen Tentakelchen, die längs einer wimpernden Furche auf den Armen in einreihiger Ordnung angebracht sind; sie dienen gleich den Tentakeln der Bryozoen der Respiration, führen die kleinen Nahrungskörper dem von einer Epistomfalte überdeckten Munde zu und haben wohl auch die Funktion von Sinnesorganen. Der Darm der **Testicardines** entbehrt eines Afters (Fig. 80), ein solcher ist dagegen bei den **Ecardines** vorhanden; da wie dort finden wir ein Paar wohl entwickelter Mitteldarmdrüsen, die die verdauenden Sekrete liefern. Das Blutgefäßsystem scheint in direkter Kommunikation mit dem Cölom zu stehen, in dem die in ein oder 2 Paaren vorhandenen Nephridien mit weiten, trichterförmigen Öffnungen beginnen; das Cölom erstreckt sich auch in die den Schalenklappen anliegenden Mantellappen, die hier aber einfache Fortsetzungen der Körperränder, keine Hautduplikaturen sind.

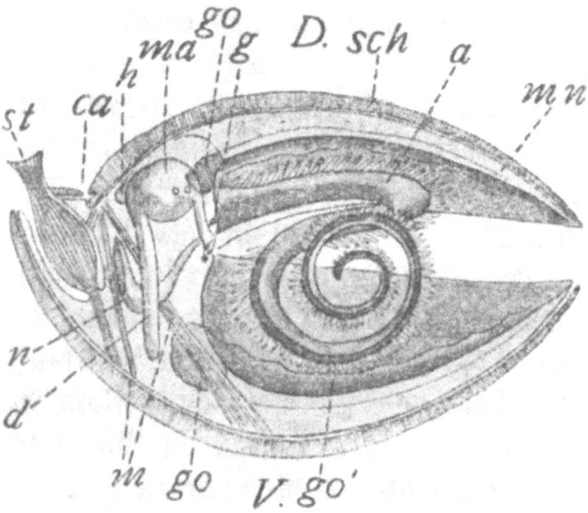

Fig. 80. Brachiopode aus der Gruppe der **Testicardines** im Längsschnitte (schematisch). Unter Zugrundelegung von Figuren aus Delage-Hérouard. D dorsale, V ventrale Fläche, st Stiel, ca Schloß, h Herz, ma Magen, go Gonade, go¹ Fortsetzung der Gonaden in die Mantellappen mn, g Schlundring, sch Schale, a Arm mit Tentakeln, n Nephridium, d Darm, m Muskeln, Schalenöffner.

Das Nervensystem bildet einen Schlundring in der Umgebung des Oesophagus, von dem mächtige Nerven zu den Armen, zum Mantel usw. ausgehen; Augen und Statocysten fehlen; der Mangel an derartigen Sinnesorganen steht im Zusammenhang mit der sessilen Lebensweise, denn fast alle Brachiopoden sind durch einen Stiel, der am hinteren Körperende aus der Schale hervortritt, an die

Unterlage befestigt; nur Lingula bewohnt Sandröhren. Die in 2 oder 3 Paaren vorhandenen Gonaden liegen bei den meisten Formen zum größten Teil in den Mantellappen, und nur bei wenigen (Lingula, Discina) sind sie auf das Rumpfcölom beschränkt; als Ausfuhrwege dienen die Nephridien; die Geschlechter sind getrennt.

Zu den **Testicardines** gehören Waldheimia, Rhynchonella (nordische Meere), Argiope (Mittelmeer); zu den **Ecardines** Lingula (Indischer Ozean), Crania (Mittelmeer, nordische Meere), Discina (Atlantischer Ozean).

Kreis: Echinodermata, Stachelhäuter.

Die Echinodermen, durchaus marine Tiere, zu denen die Seeigel, See-, Schlangen-, Haarsterne und Seewalzen gehören, nehmen eine isolierte Stellung unter den Metazoen ein, Anknüpfungspunkte an andere Gruppen der Wirbellosen sind nicht leicht zu finden.

Zur Orientierung über die Körperform, die bei einigen Gruppen schon durch den Namen angedeutet wird, gehen wir von den Seeigeln, den **Echinoidea**, aus, deren Gestalt, wenigstens zuweilen, annähernd kugelig (Fig. 81) ist; durch die Hauptachse, die durch den Mund und die Afteröffnung markiert wird, lassen sich in gleichen Abständen voneinander 5 Ebenen legen, in die wichtige Organe, so die Hauptteile des Nervensystems, des Bewegungsapparates usw., fallen; wir bezeichnen dieselben als die Radien und die zwischen diesen befindlichen Partien, in denen die Gonaden gelegen sind, als die Interradien. Die Seeigel besitzen mithin einen fünfstrahlig-radiären Bau, da alle Organe, die nicht in der Einzahl vorhanden sind und demnach in die Hauptachse fallen, in der Zahl 5 × n auftreten. Eine wirklich genaue radiäre Symmetrie ist allerdings bei keinem Seeigel, überhaupt bei keinem Echinoderm, durchgeführt und häufig genug tritt an ihre Stelle eine deutliche, bilaterale Symmetrie, die zunächst bedingt wird durch eine Verschiebung des Afters allein oder des Afters und des Mundes — irreguläre Seeigel (Fig. 82). Durch eine bedeutende Streckung des Körpers in der Richtung der Hauptachse geht die sphärische Form in die walzenförmige der Seewalzen oder **Holothurioidea** (Fig. 83) über; eine Störung des radiären Baues kann auch hier durch eine Verschiebung des

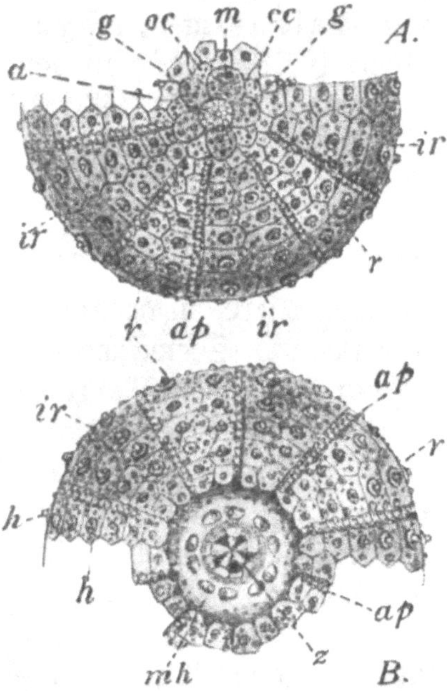

Fig. 81. **Strongylocentrotus droebachiensis.** Aus Claus. **A** von der dorsalen oder apikalen, **B** von der ventralen Seite, nur zur Hälfte gezeichnet. **r** Radien, **ir** Interradien, **a** Analfeld, **m** Madreporenplatte, **oc** Ocellar-, **g** Genitalplatten, **mh** Mundhaut, **z** Zähne des Kauapparates, **ap** Ambulacralporen in den radialen Platten, **h** Stachelwarzen.

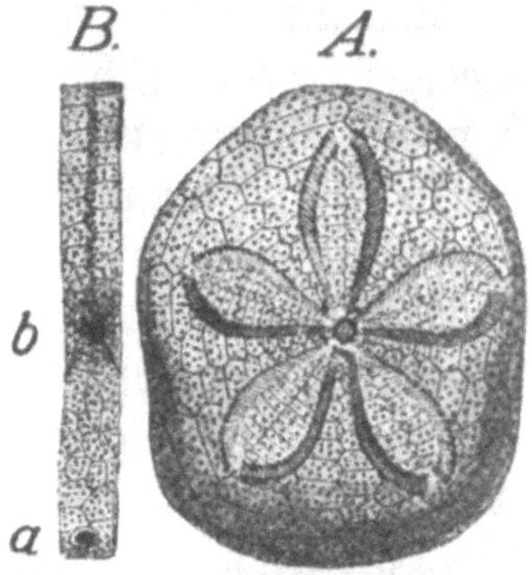

Fig. 82. **Clypeaster rosaceus.** Aus Claus. **A** von der dorsalen Fläche, im Zentrum die Madreporenplatte umgeben von den 5 Genitalporen und der Ambulacralrosette. **B** ein Teil der ventralen Fläche mit Mund **b** und After **a**.

Afters und durch die Ausbildung einer Kriechsohle hervorgerufen werden, die dadurch zustande kommt, daß die Lokomotionsorgane, die Ambulacralfüßchen, nur in 3 Radien typisch entwickelt sind. Eine bedeutende Verkürzung der Hauptachse und der interradialen Strahlen ist bei den Seesternen, den **Asteroidea** zu konstatieren (Fig. 84); setzen sich die radialen Strahlen, die Arme, scharf von der zentralen Scheibe ab, so resultiert eine Form, die für die Schlangensterne oder **Ophiuroidea** charakteristisch ist (Fig. 85). Ein

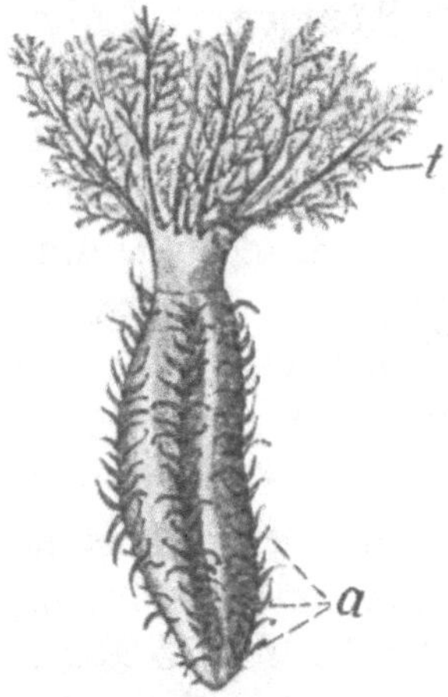

Fig. 83. Cucumaria Planci mit ausgestreckten Tentakeln (t). a Ambulacralfüßchen. Aus Claus.

Fig. 84. Echinaster sentus, nach Agassiz. Aus Claus. Von der ventralen Fläche. a Ambulacralfüßchen.

eigentümliches Bild bieten die Haarsterne oder **Crinoidea,** deren kelchförmiger, mit 5 einfachen, gegabelten oder verzweigten Armen ausgestatteter Körper durch einen von der dorsalen Fläche ausgehenden Stiel an der Unterlage befestigt ist (Fig. 86); gewissen Crinoideen, den Antedoniden (Fig. 87), fehlt im ausgebildeten Zustande, nicht aber im Pentacrinusstadium der Stiel, an seine Stelle sind die Ranken oder Cirren getreten, mit deren Hilfe sich das Tier zu bewegen vermag; betont sei, daß die Cirren nichts mit den Ambulacralfüßchen zu tun haben, sondern Bildungen eigener Art sind.

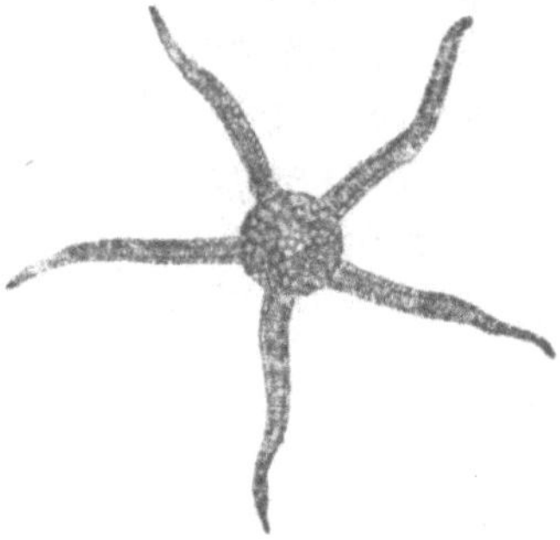

Fig. 85. Ophiolepis elegans, von der Rückenfläche, nach Lyman. Aus Lang.

Das Skelett der Echinodermen entwickelt sich in dem bindegewebigen Teile der Haut und besteht aus verschiedenartig geformten und angeordneten Kalkkörpern. Bei den Holothurien finden wir an der genannten Stelle ungeheure Mengen mikroskopisch kleiner, isolierter Kalkkörperchen von sehr charakteristischer Gestalt für die einzelnen Arten — Anker, Rädchen, Stäbchen, Gitterplatten usw. Die erheblich größeren Kalkplatten oder -stäbe der übrigen Stachelhäuter sind entweder fest (Seeigel) oder beweglich miteinander verbunden. Der größte Teil des Seeigelskelettes (Fig. 81, 82) wird von 20 meridionalen Plattenreihen, die paarweise einander zugeordnet sind, gebildet; 5 Paare gehören hiervon den Radien, 5 Paare den Interradien an. Am aboralen wie oralen Pole, also in der Umgebung des Afters und des Mundes ergeben sich jedoch Besonderheiten. Bei den regulären Seeigeln bilden im allgemeinen am apikalen (aboralen) Pole 5 Platten, die sogenannten Ocellarplatten (Fig. 81, A), den Abschluß der ambulacralen Plattenreihen, fünf, die Genitalplatten, den der interambulacralen und das Zentrum nimmt beim ausgebildeten Seeigel eine vom After durchbohrte Membran, in die zahlreiche Kalkplättchen eingelagert sind, ein; bei sehr jugendlichen Individuen findet man dagegen,

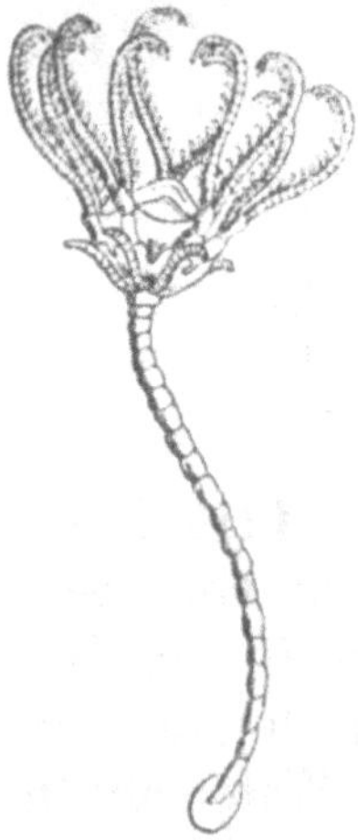

Fig. 86. Pentacrinusstadium von Antedon, nach Thomson. Aus Claus.

wenigstens bei manchen Formen, ein besonderes Skelettstück an Stelle der Aftermembran, die Zentralplatte. Die geschilderte Anordnung erfährt sowohl bei regulären als auch bei den irregulären Seeigeln mannigfache Veränderungen, bei denen Verschiebungen, der Ausfall sowie die Verschmelzung von Platten eine Rolle spielen. Die Umgebung des Mundes wird in ziemlich bedeutender Ausdehnung von einer festen Membran eingenommen, in die Kalkplatten eingelagert sein können (Fig. 81, B); die Anordnung dieser Skelettstücke ist entweder eine unregelmäßige, oder aber sie stellen Fortsetzungen der radialen resp. interradialen Plattenreihen dar, ohne aber in fester Verbindung zu stehen. Wesentlich anderen Verhältnissen begegnen wir bei den Seesternen. Die nicht durch Nähte, sondern durch Bindegewebe und Muskeln verbundenen Skelettelemente sind auf die seitlichen und ventralen Körperpartien beschränkt, die ganze dorsale Fläche wird hingegen sowohl an der Scheibe als an den Armen von einer festen Membran überzogen, in welche kleine, besonders gestaltete Kalkkörper, sogenannte Paxillen, eingebettet sind. Über das gegenseitige Verhalten der Skeletteile orientieren wir uns am leichtesten an einem Armquerschnitte. Zu beiden Seiten der Medianebene bemerken wir zunächst die die sogenannte Ambulacralfurche einfassenden Ambulacral- und Adambulacralstücke (Fig. 88); die Ränder des Körpers nehmen die unteren und oberen Randplatten ein, und an die letzteren schließt sich die Rücken-

Fig. 87. Antedon rosacea, von der ventralen Fläche. Aus Claus.

decke an; zwischen den Ambulacral- und unteren Randplatten sind schließlich als stützende Elemente noch die Supraambulacralplatten eingefügt. In der Umgebung des Mundes treten Veränderungen in der Anordnung der Platten auf (Fig. 89). Die adambulacralen Stücke zweier benachbarter Radien springen in Form scharfer Ecken gegen die Mundöffnung vor, und weiterhin haben in einem jeden Radius das 1. und 2. Ambulacralstück an der Begrenzung teil; hierzu gesellen sich dann noch in den Interradien die sogenannten intermediären oder oralen Platten als besondere Stücke. Die Spitzen der Arme bilden die Ocellarplatten, an deren Unterseite die Sehorgane gelegen sind. — Die Ophiuren zeigen insofern Ähnlichkeit mit den Seesternen, als auch bei ihnen die Skelettstücke der Arme Gruppen, Glieder, bilden, die Elemente einer Gruppe sind unter sich und mit denen der folgenden durch Bindegewebe und Muskeln verbunden. Die Mitte eines Armgliedes wird hier (Fig. 90) durch die beiden, zumeist fest miteinander vereinigten Ambulacralia gebildet, die den sogenannten Wirbel darstellen; seitlich von diesem liegen die Seitenschilder (Adambulacralia), auf der dorsalen

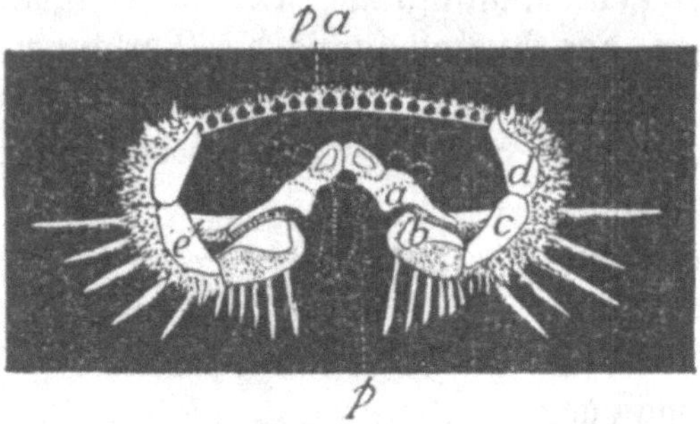

Fig. 88. Querschnitt durch den Arm eines Seesternes. Nach Lang. a Ambulacralplatte, b Adambulacralplatte, cd untere und obere Rand- oder Marginalplatten, e Supraambulacralplatten, pa Paxillen, p Pedicellen.

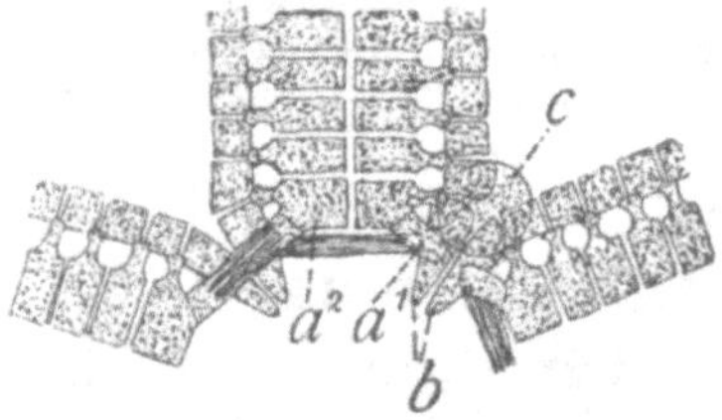

Fig. 89. Teil des Skelettes eines Seesternes in der Umgebung des Mundes, nach Ludwig. Aus Lang. a¹ erste, a² zweite Ambulacralplatte, b erste Adambulacralplatte, c orale Platte.

Fläche bilden die Rücken-, auf der ventralen die Bauchschilder die Begrenzung des Gliedes. Die sternförmige Mundöffnung sehen wir, bei der Betrachtung von der ventralen Fläche her, vornehmlich von 10 Kalkstücken, den Seitenmundschildern (Fig. 91, c), begrenzt, zwischen denen in den Radien Bauchschilder, in den Interradien, an der Begrenzung des Mundes aber nicht direkt teilnehmend, die Mundschilder oder oralen Platten gelegen sind. Die Seitenmundschilder bilden 5 gegen das Zentrum der Mundöffnung vorspringende Ecken, deren Ränder mit kleineren Kalkstücken besetzt sind; die Ecken werden jedoch nicht nur von den genannten Teilen geformt, es beteiligen sich an ihrem Aufbaue noch weitere, auf modifizierte Ambulacralia und Adambulacralia zurückführbare, von außen jedoch nicht sichtbare Platten. Die übrigen Teile der Bauchfläche bedecken kleinere Schuppen; etwas größere treffen wir zumeist auf der Rückenfläche der Scheibe an (Fig. 85) und bei einigen Formen lassen sich diese mit einiger Wahrscheinlichkeit auf die Ocellar- und Genitalplatten zurückführen. Am Körper der Crinoideen unterscheiden wir den Kelch, die Arme und resp. den Stiel (Fig. 86, 87). Der erstere besteht bei Antedon aus einem ansehnlichen, die Basis des Kelches bildenden Stücke, dem Centrodorsale, in dessen Bildung jedoch mehrere Kalkplatten, die bei anderen Crinoideen selbständige Teile darstellen, eingehen; besonders erwähnt sei, daß die die Spitze des Kelches bildende Partie,

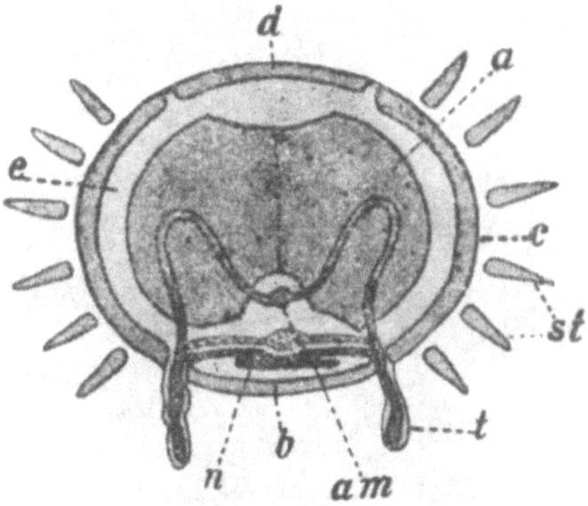

Fig. 90. Querschnitt durch den Arm einer Ophiure, nach Ludwig. Aus Lang. a Ambulacralplatten, b Bauch-, c Seiten-, d Rückenschilder, am radiales Ambulacralgefäß, t Ambulacralanhänge (Tentakel), e Cölom, st Stacheln, n Nerv.

welche die Cirren trägt, bei Antedon im erwachsenen Zustande den Rest des Stieles, darstellt; an das Centrodorsale schließen sich die von außen nicht sichtbaren sogenannten Radialia an, die die Verbindung mit den Armen vermitteln; diese werden von zahlreichen, einreihig angeordneten und gelenkig miteinander verbundenen Stücken gebildet, und das gleiche Verhalten zeigen auch die den Armen ansitzenden Pinnulae (Fig. 87). Die Kelchöffnung verschließt bei Antedon eine weiche Haut, bei anderen Crinoideen finden wir dagegen an dieser Stelle 5 Kalkplatten, die Oralia. — Die Skeletteile der Seeigel sowie der See- und Schlangensterne tragen sehr häufig Stacheln oder stachelartige Fortsätze, die entweder beweglich oder fest mit dem Skelettstücke verbunden sind; im ersteren Falle sitzen sie kleinen Höckerchen auf, die jedem, der einmal eine Seeigelschale betrachtet hat, bekannt sind (Fig. 81). Von sehr bedeutender Länge und Dicke sind die Stacheln der Cidariden unter den Seeigeln; breite flossenförmige, fernerhin bedornte, hakenförmig gebogene und mit Zähnen versehene derartige Gebilde besitzen manche Ophiuren (Ophiopteron). Die merkwürdigen Giftstacheln von Asthenosoma urens, einem Seeigel, sind dicht unter der Spitze knopfartig verdickt; die Verdickung besteht vornehmlich aus Muskeln; sie umschließt eine Höhle, die von den das Gift bildenden Zellen ausgekleidet wird; dieses wird durch die Muskeln in den axialen hohlen Kalkstab gepreßt,

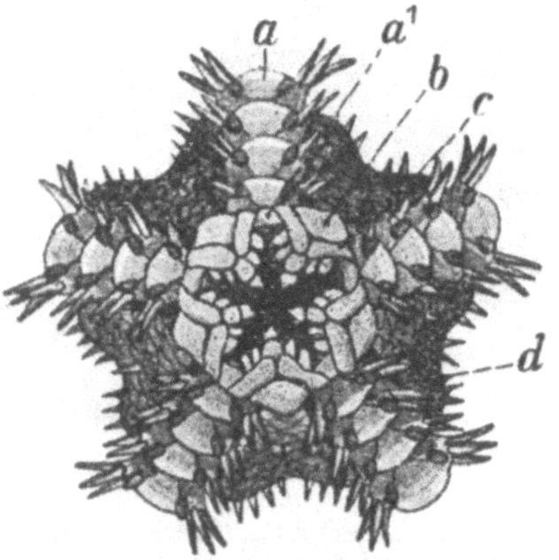

Fig. 91. Ophiactis poa, nach Lyman. Aus Lang. Ventralfläche der Scheibe. a Bauchschilder, a¹ erstes Bauchschild, b Mundschild, c Seitenmundschild, d Bursalspalte.

an dessen Spitze es durch einige Poren austreten kann. Die Funktion dieser Giftstacheln sowie der Stacheln überhaupt als Waffen kann nicht zweifelhaft sein, doch kommen die gewöhnlichen Stacheln sowohl bei Seeigeln als Ophiuren für die Lokomotion mit in Betracht; bei den letzteren sollen die Haken zum Anklammern, die flossenförmigen Stacheln als Fallschirme dienen; manche Autoren nehmen allerdings bezüglich der Flossen auch an, daß sie als Ruder Verwendung finden. Zwischen den Stacheln finden sich bei vielen Seesternen, hauptsächlich aber bei den Seeigeln kleine, meist mit einem Stiele versehene, zangenförmige Gebilde (Fig. 92), die „Pedicellarien". Den Stiel stützt ein mehr weniger langer Kalkstab; die ebenfalls mit Skelettstücken versehenen, etwas verschieden gestalteten, oft bezahnten 2, 3 oder 4 Zangenplatten können durch Muskeln bewegt, geöffnet und geschlossen werden; manche dieser Pedicellarien sind fernerhin mit Drüsen ausgestattet, die in der Zange oder im Stiele gelegen sind. Mit Rücksicht auf den im einzelnen etwas verschiedenen Bau hat man diesen Greifzangen, denn das sind sie ja alle, eine verschiedene Bedeutung zugeschrieben. Die Drüsenpedicellarien dienen zur Verteidigung und zum Fange der Beute, denn das in den Drüsen enthaltene Sekret wirkt äußerst giftig und vermag kleine Tiere zu töten oder zu lähmen; andere Pedicellarien werden einfach zum Ergreifen kleiner Beutetiere verwendet, wieder andere zum Säubern der Schale von Schmutzpartikelchen, die zwischen die Stacheln gelangt sind.

Fig. 92. Pedicellarie von Leiocidaris, nach Perrier. Aus Claus.

Die Mundöffnung liegt bei den meisten Echinodermen in der Mitte der Bauchfläche resp. an dem einen Pole der Hauptachse (Holothurien), eine exzentrische Lage hat sie bei gewissen Seeigeln, den Spatangiden.

Der Magendarm der Seesterne sowie Ophiuren ist ungemein weit und sackförmig; bei den ersteren gehen von ihm 5 Paare ansehnlicher, weit in die Arme reichende Divertikel, die sogenannten Leberschläuche, aus, die den Ophiuren fehlen; diese entbehren auch stets eines Afters, während bei jenen ein solcher zumeist vorhanden ist. Bei den übrigen Stachelhäutern hat dagegen der Darm die Gestalt eines Rohres, das den Körper an Länge bedeutend übertrifft und infolgedessen in Schlingen oder Spiraltouren gelegt erscheint; die hier stets vorhandene Analöffnung hat in der Gruppe der irregulären Seeigel eine Verschiebung gegen die orale Fläche erfahren, vollständig auf diese gerückt ist sie bei den Crinoideen; da wie dort gehört sie einem Interradius an. Einen komplizierten, aus 25 Stücken bestehenden Kauapparat besitzen die Seeigel mit Ausschluß der Spatangiden; er ist bekannt unter dem Namen der Laterne des Aristoteles und umgibt in Form einer Pyramide, deren aus den 5 Zähnen gebildete Spitze die Mundöffnung umstellt (Fig. 81, B), den Ösophagus. Von den zahlreichen Muskeln haben 5 Paare die Aufgabe, die Zähne voneinander zu entfernen, 5 weitere dieselben einander zu nähern; die ersteren ziehen zugleich die ganze Laterne etwas mehr in die Schale, die letzteren lassen die Zähne ein wenig hervortreten. Die mit einem solchen Kauapparate versehenen Seeigel sind gefräßige Raubtiere, die Würmer, Krebse, Fische usw. attackieren; so hat man z. B. beobachtet, daß ein Toxopneustes brevispinosus sich an eine Squilla, die den Seeigel um das dreifache an Länge übertraf, mit den Füßchen anheftete und sie nach und nach auffraß; um den rasch beweglichen Krebsen und Fische nahe zu kommen, sollen sich diese Räuber mit Muschelschalen, Steinchen und Algen förmlich maskieren. Den Darm der Spatangiden findet man mit Sand erfüllt, der samt den zwischen den Sandkörnern befindlichen Nahrungssubstanzen dem Munde durch die drüsenreichen Füßchen und die in der Umgebung des Mundes befindlichen Stacheln zugeführt wird. — Die Seesterne stehen an Gefräßigkeit keineswegs hinter den Seeigeln zurück, sie vermögen gleich diesen ansehnliche Beutestücke zu bewältigen, nur verfahren sie hierbei etwas anders. Kleine Beutetiere, meist sind es Mollusken, werden einfach geschluckt, handelt es sich dagegen um größere, so wird der Magen vorgestülpt und über die Beute ausgebreitet; die Sekrete der Magenwand vermögen allem Anscheine nach die Beute zu töten oder zu lähmen und zu verdauen, so daß eine direkte Aufnahme des Beutetieres in den Magen gar nicht notwendig ist. — Die aus kleinen Würmern, Muscheln usw. bestehende Nahrung der Ophiuren wird dem Munde mit Hilfe der außerordentlich beweglichen Arme zugeführt, und den Holothurien dienen die den Mund umstellenden Tentakel zum gleichen Zwecke; die aspidochiroten Holothurien verwenden hierbei ihre Tentakel als kleine Schaufeln; in den voll entfalteten baumförmigen Fühlern der dendrochiroten Seewalzen (Fig. 83) suchen sich kleine Krebse, und Protozoen häufig eine Zufluchtsstätte, die ihnen allerdings bald zum Verderben wird, denn langsam werden die Tentakel zur Mundöffnung geführt, und was auf ihnen sitzt wird abgeleckt; Protozoen, Diatomeen und kleine Larven, die in den Bereich der flimmernden Ambulacralrinnen auf der Scheibe und auf den Armen der Crinoideen gelangen, bilden die Hauptnahrung dieser Stachelhäuter. — Die gelösten, resorptionsfähigen Substanzen gelangen durch die Darmwand in die Leibeshöhlen- resp. Blutflüssigkeit, durch die sie den verschiedenen Organen zugeführt werden; vielleicht sind auch Wanderzellen am Transport der Nährsubstanzen beteiligt.

Betrachten wir die Rückenfläche eines Seesternes oder Seeigels, so fällt eine granulierte, von feinen Poren siebartig durchlochte Platte, die „Madreporenplatte“, die in einem Interradius gelegen ist, auf (Fig. 81, A, m). Sie führt in einen

Kanal, den Steinkanal, der fast senkrecht oder in leicht S-förmiger Biegung zur Ventralfläche verläuft und hier mit einem ziemlich dicht über dem Munde gelegenen Ringkanale, dem „Ambulacralgefäßringe", in Verbindung steht, von dem 5 in den Radien verlaufende, blind endende Kanäle, die „Radialkanäle", ausstrahlen. Ein jeder Radialkanal gibt nach rechts und links Ästchen ab, die zunächst mit kleinen Bläschen, den Ampullen, kommunizieren, und diese verbinden sich wieder mit den „Ambulacralfüßchen" (Fig. 84). Bei den Seeigeln muß natürlich eine Durchbohrung der betreffenden (radialen) Skelettplatten, der Ambulacralplatten (Fig. 81), statthaben, während bei den Seesternen die zu den Füßchen führenden Kanälchen zwischen den Skelettstücken durchtreten können. Dem Ambulacralgefäßringe der Seesterne sitzen interradial gestielte Bläschen, die Polischen Bläschen, und bräunlich gefärbte Gebilde von schwammiger Struktur, die Tiedemannschen Körperchen, an; die einen wie die anderen stellen wahrscheinlich Lymphdrüsen dar, sie sind die Stellen, an welchen die Wanderzellen gebildet werden, die beim Transporte der Nährsubstanzen und Exkretstoffe eine nicht unwichtige Rolle zu spielen scheinen. Den Seeigeln fehlen Tiedemannsche Körper, eine Polische Blase ist dagegen meist vorhanden

Die übrigen Echinodermen zeigen mannigfache Abänderungen, von denen nur einige der wichtigsten kurz berührt sein mögen. In der Gruppe der Schlangensterne ist eines der Mundschilder zur Madreporenplatte geworden, die mithin hier der ventralen Fläche angehört; die abgeänderte Lage des Steinkanales ergibt sich von selbst. Bei den Holothurien öffnet sich im ausgebildeten Zustande, von wenigen Formen abgesehen, der Steinkanal — nicht selten sind mehrere vorhanden — in die Leibeshöhle, und die Verbindung mit der Außenwelt ist vollständig aufgehoben; auf der Ventralseite des Kelches der Crinoideen sind wenigstens fünf, häufig aber ungemeine zahlreiche kleine Poren, die Kelchporen, vorhanden, die direkt in die Leibeshöhle führen und eine geringere oder größere Zahl von Steinkanälen vermittelt die Verbindung des Cöloms mit dem Ambulacralgefäßsysteme, das auch hier, gleich wie bei allen früher genannten Stachelhäutern, aus einem den Anfangsteil des Darmes umgebenden Ringgefäße und den von diesem ausgehenden Radialkanälen besteht. In dem ganzen Kanalsysteme sowie in allen seinen Anhängen ist eine Flüssigkeit enthalten, die früher einfach für Wasser gehalten wurde, sie führt jedoch auch eiweißartige Substanzen und zellige Elemente, die erwähnten Lymphzellen. Bei den mit einer Madreporenplatte oder entsprechenden Bildungen versehenen Formen ist es wohl unzweifelhaft, daß wenigstens von Zeit zu Zeit Wasser in das Ambulacralgefäßsystem eintritt, es findet aber auch eine Flüssigkeitsabgabe nach außen statt, sei es auf osmotischem Wege, sei es durch die Madreporenplatte. Die Ambulacralanhänge, dies sind die Füßchen, Fühler usw., stehen in erster Linie in Beziehung zur Lokomotion, sie kommen aber auch für die Respiration und Nahrungsaufnahme in Betracht und finden als Sinnesorgane Verwendung, mit oder ohne Beibehaltung ihrer ursprünglichen Funktion als Bewegungsorgane. Die lokomotorischen Füßchen oder Pedicellen (Fig. 84, 83) sind von röhrenförmiger Gestalt, ihr distales, gewöhnlich abgestutztes und eine Kalkplatte umschließendes Ende ist in eine Saugscheibe umgewandelt, selten ist es spitz und entbehrt der Kalkeinlagerung (manche Seesterne). Durch Eintritt von Flüssigkeit aus den Ambulacralgefäßen, speziell den an der Basis der Füßchen gelegenen Ampullen werden die Füßchen bedeutend gestreckt und an die Unterlage angepreßt; kontrahieren sich nun die in der Längsrichtung der Füßchen verlaufenden Muskeln, so tritt eine Verkürzung derselben ein, die Flüssigkeit tritt in die Ampullen zurück und es erfolgt eine Bewegung des Körpers in der Richtung dieser Füßchen. Bei manchen Seeigeln, vornehmlich den regulären, finden sich Pedicellen auf der ganzen Körperoberfläche, in den Radien natürlich, bei anderen sind sie auf die ventrale Seite beschränkt; ausschließlich auf dieser bemerken wir sie bei den Seesternen, bei denen sie in der Ambulacralfurche in 2 oder 4 Reihen angeordnet sind (Fig. 84). Unter den Holothurien gibt es Formen, die an allen 5 Radien lokomotorische Füßchen tragen (Fig. 83), häufig aber sehen wir sie hier auf 3 Radien beschränkt, auf den anderen beiden sind sie in sogenannte Ambulacralpapillen umgewandelt, die keine Beziehung mehr zur Lokomotion haben und wohl Tastorgane darstellen. Die den Mund der Seewalzen umstellenden Ambulacralanhänge, die verschiedenartig gestalteten Fühler, sind von Wichtigkeit für die Respiration, sie spielen eine Rolle, wie erwähnt, bei der Nahrungsaufnahme und sind wenigstens bei den Synaptiden die Träger von Sinnesorganen, die vielleicht dem chemischen Sinne dienen. Als Tentakel bezeichnet man die auf der Ventralseite, in ähnlicher Weise wie bei den Seesternen angeordneten, reich mit Sinneszellen ausgestatteten Ambulacralanhänge der Ophiuren (Fig. 90) und Crinoideen; der Name sagt schon, daß es sich hier nicht um Bewegungs- sondern um Sinnesorgane handelt; bei den Haarsternen haben sie überdies die Bedeutung von Atmungsorganen. Die Ortsveränderung wird bei den Ophiuren durch die ungemein beweglichen Arme, die den Tieren sogar Kletterbewegungen ermöglichen, vermittelt. — Die mannigfaltigste Differenzierung der Ambulacralfüßchen dürfte sich bei den Spatangiden vorfinden. Wir bemerken bei diesen, und dies gilt auch für die Clypeastriden, zumeist auf der Rückenfläche eine fünfblätterige Figur, die sogenannte Petalodien- oder Ambulacralrosette, die auf gewisse Modifikationen in der Anordnung der Ambulacralporen zurückzuführen ist (Fig. 82); die hier befindlichen, verästelten, besonders dünnwandigen Ambulacralanhänge stehen ausschließlich im Dienste der Respiration; zum Ergreifen und zum Transporte der Nahrung sollen die eigentümlich gestalteten, ventralen Füßchen verwendet werden, die z. T eine breite, rosettenförmige Endscheibe, z. T. zahlreiche lange Fortsätze, die den Füßchen ein pinselartiges Aussehen verleihen, tragen; die sonst vorhandenen spitz endenden Füßchen dieser Seeigel haben die Funktion von Tastorganen, eine Funktion, die man wohl auch den ebengenannten Pinsel- und Rosettenfüßchen, ja mit Rücksicht auf den großen Nervenreichtum den Pedicellen überhaupt nicht wird absprechen können. Eigentliche Pedicellen fehlen den Spatangiden, die Stacheln kommen hier als Bewegungsorgane in Betracht. — Aus dem Mitgeteilten erhellt, daß die Ambulacralanhänge z. T. eine große Bedeutung für die Atmung haben, doch sind überdies vielfach spezielle Respirationsorgane vorhanden, die dünnwandige Aus- resp. Einstülpungen der Haut oder des Enddarmes darstellen; die Leibeshöhlenflüssigkeit kann durch die relativ zarte Wandung leicht Kohlensäure abgeben und Sauerstoff aus dem Wasser, das die Blasen umspült oder erfüllt, aufnehmen. Derartige Ausstülpungen der Körperwand finden wir bei den Seesternen, hier „Papulae“ genannt; bei vielen Seeigeln stehen den Papulae entsprechende Bildungen auf der Mundhaut; 10 sackförmige Einstülpungen der Körperdecke in der Umgebung des Mundes, die „Bursae“ dienen bei den Ophiuren dem angedeuteten Zwecke, außerdem münden durch sie die Gonaden nach außen. In der Leibeshöhle der meisten Holothurien liegen 2 baumförmig verästelte, mit dem Enddarm kommunizierende Organe, die sogenannten Wasserlungen, die vom Darme aus mit Wasser gefüllt werden können; sie sind zugleich Atmungs- und Exkretionsorgane; die entleerte Flüssigkeit enthält Exkretionsprodukte in Form brauner Körnerhaufen oder Zellen, die mit solchen Körnchen beladen sind.

Dem Steinkanale der Seeigel, der See- und Schlangensterne liegt ein strangförmiger oder etwas abgeplatteter, bräunlich gefärbter Körper an, der Herz, Axial- oder Dorsalorgan genannt wird. Es handelt sich wahrscheinlich um eine Art Lymphdrüse (vgl. Polische Blasen), die aber bei dem sich entwickelnden Tiere in Beziehung zu den Gonadenanlagen steht; am gesichertsten ist ein solcher Zusammenhang bei den Haarsternen, bei denen das Organ in der Achse des Kelches gelegen ist; vollständig zu fehlen scheint es den Holothurien. — Kanalartige Räume, Spalten und Lakunen, die z. T. in ihrer Anordnung eine Übereinstimmung mit den Kanälen des Ambulacralsystems erkennen lassen und diese begleiten, z. T. aber in reicher Ausbildung in der Umgebung des Darmes auftreten und in der Darmwandung beginnen, werden als Blutgefäße bezeichnet; sie enthalten eine an Eiweißsubstanzen und Wanderzellen reiche, zuweilen gelblich gefärbte Flüssigkeit, die für die Ernährung der verschiedenen Organe von Wichtigkeit ist. Bei den Holothurien sind die Darmblutgefäße leicht zu erkennen, schwieriger sind sie bei den übrigen zu verfolgen.

Sehr eigentümliche Verhältnisse bietet das Nervensystem insofern, als nach den bisherigen Untersuchungen 3 selbständige (?) Systeme zu unterscheiden sind, das oberflächliche orale, das tiefliegende orale und das apikale. Am längsten bekannt ist das erstgenannte, das bei den See- und Haarsternen eine epitheliale Lage besitzt, bei den übrigen Echinodermen dagegen mehr in die Tiefe gerückt erscheint; es besteht aus einem den Mund resp. den Anfangsteil des Darmes umgebenden Nervenringe und den von diesem ausgehenden 5 radiären Nerven, von denen in bestimmter Anordnung kleinere Nerven ausstrahlen, die die Haut, die Ambulacralanhänge und den Darm innervieren; das an zweiter Stelle namhaft gemachte, den kieferlosen Seeigeln fehlende System liegt der Innenfläche des erwähnten dicht an; es innerviert besonders die Muskeln der Ventralseite, und bei den Seeigeln vornehmlich die des Kauapparates. Das apikale oder dorsale Nervensystem vermissen wir bei den Holothurien, es ist am stärksten entwickelt bei den Crinoideen, bei denen es im Kelche in der Umgebung jenes Teiles der Leibeshöhle gelegen ist, die den Namen des gekammerten Organes führt; mächtige Nerven strahlen von ihm in die Arme ein. Es dient vornehmlich der Innervierung der dorsalen Muskulatur. — Von Sinnesorganen sei zunächst der Tastorgane und der Organe des chemischen Sinnes gedacht, die auf modifizierte Ambulacralanhänge zurückzuführen sind — Tentakel der Ophiuren, Crinoideen usw.; hierher gehören auch die an den Enden der Radialkanäle, bei den See- und Schlangensternen mithin an der Spitze der Arme, bei den Seeigeln an den Ocellarplatten, bei manchen Holothurien in der Nähe des Afters befindlichen Fühler.

Als lichtperzipierende Organe werden wohl mit Recht die an der Unterseite der Seesternfühler gelegenen roten Punkte gedeutet, während die über den ganzen Körper von Diadema setosum zerstreuten blauen Flecke vielleicht eher als Leuchtorgane aufzufassen sind; Leuchtorgane finden wir auch an den Armen von Ophiuren (Ophiopsila annulosa, Amphiura squamata und filiformis), und zwar ist das Leuchtvermögen hier an das Sekret von Hautdrüsen gebunden. Sogenannten Gehörorganen, statischen Organen, in Form kleiner Bläschen, die von Statolithen erfüllt sind, begegnen wir bei manchen Holothurien (Synapta) und vielleicht besitzen auch eigentümlich modifizierte, sehr bewegliche Stacheln, die Sphäridien, die den meisten Seeigeln zukommen, diese Funktion.

Mit wenigen Ausnahmen (Synapta, Asterina gibbosa, Amphiura sqamata) sind die Stachelhäuter getrennten Geschlechtes; sekundäre Geschlechtscharaktere fehlen zumeist, und desgleichen vermissen wir auch besondere Kopulationsorgane; die Eier werden in das Wasser entleert und hier besamt. Der Bau der Geschlechtsapparate ist ein einfacher. Die regulären Seeigel besitzen 5, die irregulären 3 oder 4 interradial gelagerte, traubenförmige Gonaden, deren Ausführgänge auf den Genitalplatten ausmünden. Fünf oder mehr Paare Gonaden, die aus zahlreichen Schläuchen bestehen, treffen wir bei den Seesternen an, die Genitalporen liegen auch hier auf der Rückenfläche. Die birnförmigen Gonaden der Ophiuren öffnen sich in die Bursae und gelangen durch die Bursalspalten (Fig. 91) nach außen. Eigentümliche Verhältnisse bieten die Crinoideen. Bei diesen wird jeder Arm von einem, aus sehr kleinen Zellen bestehenden Strange, dem Genitalstrange, durchzogen, der Ausläufer in die Pinnulae abgibt; nur in diesen entwickeln sich aus den Zellen der Genitalstrangausläufer Eier resp. Spermien, die durch Öffnungen, welche allem Anscheine nach erst zur Zeit der Geschlechtsreife entstehen, nach außen entleert werden. Die Genitalstränge setzen sich auch in den Kelch fort, wo sie mit dem Axialorgane in Verbindung zu stehen scheinen. Eine einzige, allerdings sehr umfangreiche, aus zahlreichen Schläuchen bestehende Gonade treffen wir bei den Holothurien an; der Genitalporus ist dem Munde sehr genähert.

Die Entwicklung ist zumeist eine indirekte, seltener eine direkte (s. Meisenheimer). Neben der geschlechtlichen Vermehrung hat man bei Seesternen und Ophiuren ungeschlechtliche durch Teilung nicht selten beobachtet, und im Zusammenhange hiermit steht das bedeutende Regenerationsvermögen der genannten Formen sowie der Crinoideen und Holothurien; die letztgenannten vermögen auf Reize hin den Darm, die Wasserlungen, Gonaden, Tentakel abzustoßen und nach einiger Zeit neu zu bilden, zu regenerieren. Von besonderem Interesse sind unter den Seesternen die Linckia-

Arten, die willkürlich sämtliche Arme abstoßen können; jeder Arm vermag eine neue Scheibe und jede Scheibe die fehlenden Arme zu erzeugen; im ersteren Falle entstehen die sogenannten Kometenformen (Fig. 93).

Wir teilen die Echinodermata in 5 Klassen:

1. Kl.: **Crinoidea, Haarsterne, Seelilien.** Der kelchförmige Körper ist entweder dauernd oder nur in den Jugendstadien mit einem gegliederten, kleine Seitenäste (Ranken) tragenden Stiele versehen. Die gegabelten oder verzweigten, die Pinnulae tragenden Arme sind sehr beweglich und einrollbar; der Mund und der After liegen auf der Ventralseite des Körpers; von dem ersteren gehen die Nahrungsfurchen aus, die sich auch auf die Arme sowie Pinnulae fortsetzen und von den Tentakelchen eingesäumt werden. Zu den gestielten, rezenten Formen gehören Pentacrinus, Rhizocrinus, Hyocrinus, die in bedeutenden Tiefen des Atlantischen und Stillen Ozeans leben. Des Stieles entbehrt Antedon (Comatula, Fig. 87), Mittelmeer usw.

Fig. 93. Linckia multiflora, nach Haeckel. Aus Lang. Regeneration der Scheibe von einem Arme aus. Kometenform.

2. Kl.: **Asteroidea, Seesterne.** Der in dorsoventraler Richtung abgeplattete Körper ist von sternförmiger oder pentagonaler Form. Der Mund liegt in der Mitte der ventralen die (zuweilen fehlende) Afteröffnung in der Mitte der dorsalen Fläche; die Ambulacralanhänge sind auf die ventrale Seite beschränkt. Astropecten, sternförmig, ohne After, Mittelmeer; Echinaster (Fig. 84); Pentagonaster, fünfeckig; Linckia, Arme dünn, zylindrisch; Solaster mit 8—10, Heliaster mit mehr als 25 Armen, Atlantischer Ozean.

3. Kl.: **Ophiuroidea, Schlangensterne.** Die einfachen oder verästelten Arme setzen sich scharf von der platten, im Umriß kreisförmigen Scheibe ab. Ambulacralanhänge (Tentakel) auf die Ventralseite des Körpers beschränkt; ein After fehlt; auf der Ventralseite, in der Umgebung des zentral gelegenen Mundes 10—20 schlitzförmige Öffnungen, die Bursalspalten. Ophiolepis (Fig. 85); Ophiothrix, Ophioderma (Mittelmeer) mit unverästelten, Euryale, Gorgonocephalus (Atlantischer, Stiller Ozean, Mittelmeer) mit verzweigten Armen.

4. Kl.: **Echinoidea, Seeigel.** Der kugelige, herz- oder scheibenförmige Körper trägt an seiner ganzen Oberfläche Stacheln

und Ambulacralanhänge, die in verschiedener Weise differenziert sind. Mund und After liegen entweder im Zentrum der ventralen resp. der dorsalen Fläche (reguläre Seeigel) oder es sind beide Öffnungen oder nur eine der beiden (After) aus der zentralen Lage verschoben (irreguläre Seeigel). Die ersteren besitzen einen Kauapparat, die letzteren entbehren z. T. eines solchen. Zu den regulären Seeigeln gehören Cidaris, Diadema, Sphaerechinus, Toxopneustes, Strongylocentrotus (Fig. 81); zu den irregulären die Clypeasteriden (Clypeaster, Fig. 82, Encope) und Spatangiden (Spatangus, Echinocardium).

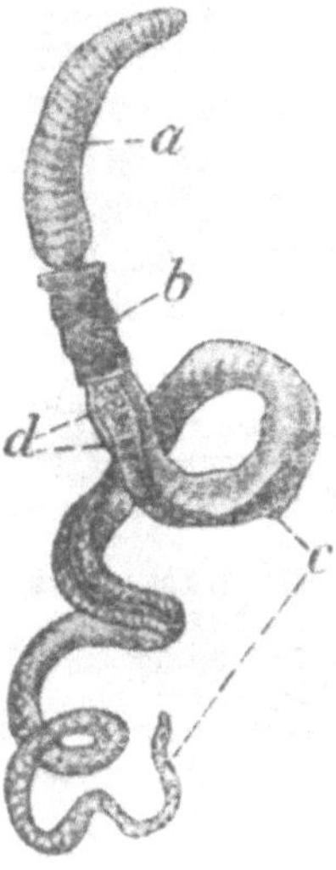

Fig. 94. Balanoglossus Kowalevskii, nach Spengel. Aus Lang. a Eichel, b Kragen, c Rumpf, d Kiemenporen.

5. Kl.: **Holothurioidea, Seewalzen, Seegurken.** Körper in der Richtung der Hauptachse gestreckt, walzenförmig. Der von den Tentakeln umstellte Mund liegt am vorderen, der After am hinteren Ende der Haupachse. Die Tentakel der „aspidochiroten" Holothurien (Holothuria) sind an ihrem freien Ende schildartig verbreitert, die der „dendrochiroten" (Cucumaria, Fig. 83) baumförmig verästelt; gefiederte Fühler besitzen die füßchenlosen Synaptiden (Synapta). Die sogenannten Cuvierschen Organe, die vornehmlich bei den aspidochiroten Seewalzen auftreten, stellen drüsige Gebilde dar, die auf Reize hin ausgestoßen werden und sich durch eine überaus klebrige Beschaffenheit und Zähigkeit auszeichnen; sie dienen vermutlich als Verteidigungsmittel.

Im Anschlusse an die **Echinodermata** sei der **Enteropneusta** gedacht. Diese durch einige wenige Gattungen repräsentierte Tiergruppe nimmt eine sehr isolierte Stellung ein und zeigt nur durch die Larvenformen (Tornaria) Beziehungen zu den Stachelhäutern resp. zu deren Larven.

Der langgestreckte, bilateralsymmetrische, wurmförmige Körper (Fig. 94) läßt äußerlich eine Differenzierung in 3 hintereinander gelegene Abschnitte: Eichel, Kragen und Rumpf erkennen; am Rumpfe kann man eine Kiemen-, Leber- und Abdominalregion unterscheiden. Die Mundöffnung liegt ventral, am Beginne des Kragens, der After terminal an der hinteren Körperspitze. Der Mund führt in eine weite Mundhöhle, an die sich der „Kiemendarm" anschließt; dieser ist mit einer Anzahl taschenförmiger Aussackungen, den Kiementaschen, versehen, die durch besondere Poren mit der Außenwelt kommunizieren; die Bedeutung dieses Abschnittes erhellt aus dem Namen. In der Kiemendarmregion liegen auch die Gonaden, die durch kleine, der Dorsalseite genäherte Poren nach außen münden. Die Verdauung und Resorption der Nahrung hat in jener Darmpartie statt, die als Leberregion bezeichnet wird und dadurch charakterisiert ist, daß hier das Darmepithel Cilien trägt und Sekrettröpfchen enthält, bei manchen Formen finden sich fernerhin an dieser Stelle zahlreiche kleine Divertikelchen, die Lebersäckchen, vor. Von den beiden großen Blutgefäßbahnen liegt die eine dorsal, die andere ventral vom Darme, beide stehen durch 2 Gefäßbögen im Kragen in Verbindung; ein reich entwickeltes Gefäßnetz findet sich im Bereiche der Kiemen- und Leberregion des Darmes. Das Nervensystem steht in inniger Beziehung zur Haut und bildet einen Plexus, der in der Mitte der Rücken- und der Bauchfläche zu einem stärkeren Stamme verdickt ist. Eine ringförmige Kommissur verbindet beide Stämme an der Grenze vom Kragen und Rumpfe.

Marine im Schlamme wühlende Tiere. Balanoglossus, Mittelmeer.

Kreis: Tunicata, Manteltiere.

Die Tunicaten pflegt man jetzt vielfach mit Amphioxus und den Wirbeltieren zu dem großen Tierstamme der Chordonier oder Chordatiere zu vereinigen; manche Zoologen stehen allerdings einer soweit gehenden Zusammenfassung der Manteltiere und Wirbeltiere ablehnend gegenüber, ohne aber zu verkennen, daß die Entwicklungsgeschichte von Amphioxus und den Tunicaten eine so große Ähnlichkeit zeigt, daß an verwandtschaftlichen Beziehungen nicht gezweifelt werden kann.

Die Tunicaten, teils freilebende, teils festsitzende, durchaus marine Tierformen, zeigen unter sich mancherlei Verschiedenheiten; man teilt sie in 3 Gruppen: Die Appendicularien, von deren Betrachtung wir ausgehen wollen, die Ascidien und die Salpen. Der Körper der freischwimmenden Appendicularien oder *Copelata* (1. Kl.) (Fig. 95) läßt eine Scheidung in 2 Abschnitte zu, in den etwa birnenförmigen Rumpf und den seitlich komprimierten Schwanz, der ungefähr in der Mitte des Rumpfes auf der Ventralseite inseriert und diesen an Länge bedeutend übertrifft. Die an der vorderen Körperspitze gelegene Mundöffnung führt in einen weiten, sackförmigen, durch eine kurze Speiseröhre mit dem Magen verbundenen Pharynx oder Kiemendarm; an den Magen schließt sich der ebenfalls kurze nach vorn gerichtete Darm an; Magen und Darm liegen ventral vom Pharynx, der After befindet sich etwas vor der Körpermitte. Der Kiemendarm vermittelt die Atmung und leitet die Nahrungsteilchen zur Speiseröhre; von Bedeutung für den letzteren Zweck sind gewisse Einrichtungen, die bei allen Tunicaten wiederkehren: Auf der ventralen Fläche des Pharynx verläuft eine mehr weniger lange Furche, die „Hypobranchialrinne" (oder der „Endostyl"), deren Epithel aus Flimmer-

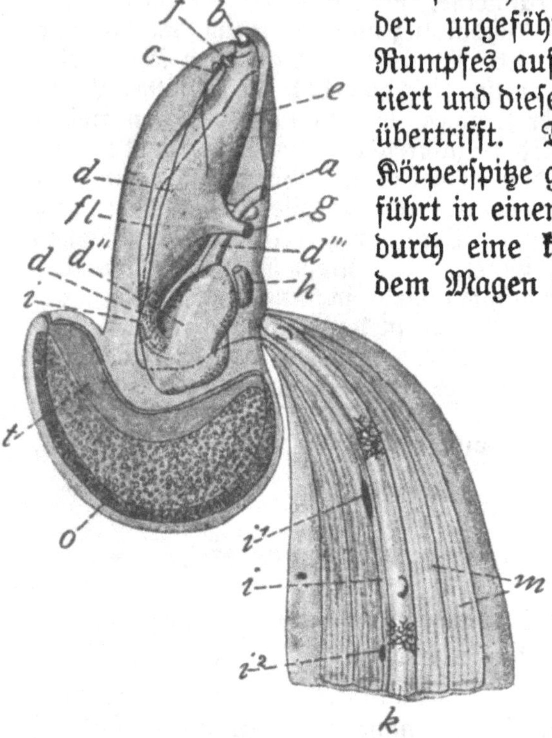

Fig. 95. Schema einer *Appendicularie*. Nach *Delage* und *Hérouard*. Vom Schwanzteile ist nur die vorderste Partie gezeichnet. a After, b Mund, c Gehirnganglion mit Statocyste, f Flimmergrübchen, d Kiemendarm, d' Oesophagus, d'' Magen, d''' Darm, e Endostyl, fl dorsale Flimmerstreifen, g Spiracula, h Herz, i dorsaler Nerv mit Ganglien (i^1, i^2), k Chorda dorsalis, m Muskeln des Schwanzes, o Ovar, t Hoden.

und Drüsenzellen besteht, und auf der dorsalen Fläche sind 2 in der Nähe des Mundes beginnende, zum Ösophagus ziehende Flimmerstreifen vorhanden, die mit dem vorderen Ende des Endostyls verbunden sind. Das durch den Mund eintretende Wasser fließt durch 2 große, seitlich und ventral gelegene Öffnungen, die „Spiracula", wieder aus; die in ihm befindlichen, kleinen, festen Körper werden, wie Fütterungsversuche mit Karminpulver zeigten, durch das Sekret der Endostyldrüsen zusammengeballt und durch die dorsalen Flimmerstreifen sowie durch den Endostyl selbst zum Oesophagus geleitet. Dicht unter dem Epithel des Pharynx finden sich ansehnliche Blutlakunen, die Sauerstoff aus dem Wasser aufnehmen und Kohlensäure an dieses abgeben; die Blutzirkulation wird durch ein einfaches, ventral vom Magen gelegenes Herz unterhalten. Als Zentralteil des Nervensystems können wir ein dem Pharynx dicht hinter dem Munde aufliegendes Ganglion sowie einen von diesem ausgehenden Nervenstrang betrachten, der bis an das Ende des Ruderschwanzes verläuft, und in welchen Ganglienzellen eingelagert sind. Der linken Seite des Gehirnganglions liegt eine bläschenförmige Statocyste an, und als Organ des chemischen Sinnes wird ein von Flimmerzellen ausgekleidetes Grübchen betrachtet, das in der Gehirngegend an der Decke des Pharynx zu bemerken ist. Tastborsten finden sich an verschiedenen Körperstellen, vornehmlich am Eingange des Mundes. Die hintere Rumpfpartie enthält die Gonaden, Ovarien und Hoden, denn alle Tunicaten sind mit wenigen Ausnahmen Zwitter; besondere Kopulationsorgane fehlen, die Geschlechtsprodukte gelangen durch Ruptur der Körperwand nach außen. Den Ruderschwanz durchzieht ein ventral vom Nervenstrange gelegener, stabförmiger, elastischer Körper, der insofern von großer Bedeutung ist, als er das H o m o l o g o n der Chorda dorsalis der Wirbeltiere darstellt; im übrigen finden wir im Schwanze eine kräftig ausgebildete Muskulatur und Blutgefäße. — Die glashellen, dünnwandigen, mit 2 oder 3 Öffnungen versehenen Gehäuse, in denen sich die Tiere gewöhnlich

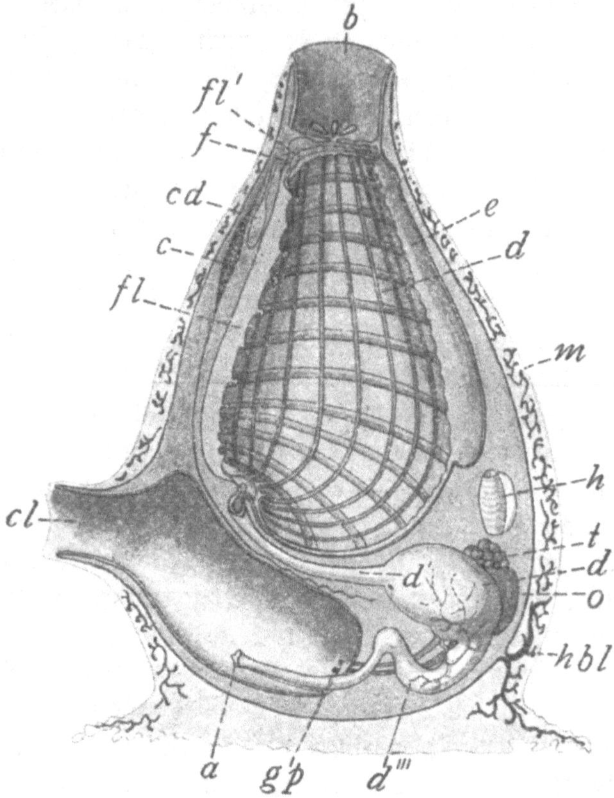

Fig. 96. Schema einer Ascidie, im Längsschnitt. Nach Delage und Hérouard. a After, b Mund, c Gehirn, cd Neuraldrüse, cl Kloake, d' Oesophagus, d'' Magen, d''' Darm, e Endostyl, f Flimmergrübchen, fl dorsale Flimmerfalte, fl' Flimmerstreifen zwischen e und fl, gp Genitalporen, h Herz, hbl Blutgefäße, m Mantel, o Ovar, t Hoden.

aufhalten, werden vom Körperepithel abgeschieden, sie entsprechen dem alsbald zu erwähnenden Zellulosenmantel der übrigen Tunicaten. Oicopleura, 2—3 mm lang, und Fritillaria seien als Vertreter dieser Gruppe genannt.

Die Ascidien, Seescheiden oder Tethyodea (2. Kl.) umfassen solitäre und stockbildende Formen, deren Größe innerhalb bedeutender Grenzen, einigen Millimetern und 15—20 cm, schwankt. Der schlauch- oder tonnenförmige Körper (Fig. 96) kommuniziert durch 2 ansehnliche Öffnungen, den Mund und die Kloakenöffnung, mit der Außenwelt; meist sind beide einander sehr genähert, seltener liegen sie an den beiden Körperenden (Pyrosomen). Die äußerste, mehr weniger dicke, lederartige oder knorpelige Schichte des Körpers, der Mantel, besteht, ein im Tierreiche seltener Befund, aus Zellulose und ist ein Abscheidungsprodukt des Körperepithels; einen komplizierten Bau gewinnt aber der Mantel dadurch, daß Blutgefäße und zellige Elemente in ihn eindringen; diese letzteren sind von verschiedener Form und enthalten sehr häufig Pigmentkörner, durch die die Gesamtfarbe der Tiere mit bedingt wird. Die Wand des sackförmigen Pharynx oder Kiemendarms, der hier die gleiche doppelte Bedeutung hat wie bei den Copelaten, ist gitterartig durchbrochen; das Wasser fließt jedoch nicht direkt nach außen ab, sondern gelangt zunächst in einen den Pharynx fast allseitig umgebenden, in der dorsalen und ventralen Mittellinie jedoch durch stärkere Gewebssepten unterbrochenen Raum, den Peribranchialraum, der mit der Kloake in Verbindung steht und durch die Kloakenöffnung nach außen mündet; die sogenannte Kloake, in welche auch der Enddarm und die Gonaden sich öffnen, ist selbst nur ein Teil des Peribranchialraumes. Ähnliche, aber im einzelnen etwas komplizierter gestaltete Einrichtungen (Endostyl, Dorsalstreifen oder -falten, Flimmerreifen) leiten wie bei den Appendicularien die im Wasser befindlichen Nahrungskörper zum Oesophagus, durch den sie in den Magen und Darm gelangen. In der Umgebung des Darmes findet man bei allen Ascidien eine reich verästelte Drüse, die darmumspinnende Drüse, deren Funktion unbekannt ist; ein als Leber bezeichnetes

Gebilde steht mit dem Magen in Verbindung. Das zylindrische an beiden Enden offene, von einem Perikard umschlossene, ventral, zwischen Pharynx und Magen gelegene Herz zeigt die höchst bemerkenswerte Eigentümlichkeit, daß es sich in der Richtung von vorn nach hinten und umgekehrt zu kontrahieren vermag; entsprechend diesen, in bestimmten Intervallen auftretenden, entgegengesetzten Kontraktionen erfährt auch die Richtung des Blutstromes eine Umkehr. Kontrahiert sich das Herz in der Richtung von hinten nach vorn, so wird das Blut in ein großes Gefäß getrieben, das unter der Hypobranchialrinne nach vorn verläuft, zahlreiche Gefäße in die Wandung des Kiemendarmes abgibt und hier Sauerstoff aufnimmt; das Blut sammelt sich wiederum auf der dorsalen Seite des Pharynx in einem größeren Stamme, der es zu den Eingeweiden (Darm, Gonaden usw.), leitet und von hier tritt es durch die hintere Öffnung des Herzens in dieses ein; bei entgegengesetzter Herzkontraktion fließt das Blut natürlich in umgekehrter Richtung.

In der zwischen Mund und After befindlichen Körperpartie ist das Gehirn in Form eines einfachen Knötchens gelegen. Gegen Tast- und chemische Reize sind die Ascidien sehr empfindlich, doch wissen wir wenig über die Sinnesorgane. Pigmentflecke von meist gelbroter Farbe in der Umgebung der Mund- und Kloakenöffnung sind als lichtempfindliche Stellen aufgefaßt worden; ein komplizierter gebautes Organ, das eher den Namen „Auge" verdient, besitzen die Pyrosomen an der Ventralfläche des Gehirns. Als Sitz des chemischen Sinnes wird ein Flimmergrübchen gedeutet, das in einiger Entfernung vom Munde auf der dorsalen Seite des Pharynx zu bemerken ist; es steht durch einen Kanal mit der in ihrer Bedeutung gänzlich unbekannten sogenannten „Neuraldrüse" in Verbindung. Die Exkretionsorgane treten in Form isolierter Zellen oder als vielzellige Bläschen auf, die in der Nähe des Herzens und des Darmes gelegen sind; bei den Molguliden allein finden wir einen größeren, allseitig geschlossenen „Harnsack". Die Zahl der Gonaden schwankt innerhalb weiter Grenzen; häufig ist nur ein Hoden und ein Ovar vorhanden, die so dicht nebeneinanderliegen, daß sie eine Zwitterdrüse darzustellen scheinen. — Außer der geschlechtlichen Vermehrung ist ungeschlechtliche, die häufig zur Bildung von Stöcken führt, durch Teilung und Knospung bekannt geworden.

Zu den solitären Ascidien gehören: Ascidia, Phallusia, Molgula, zu den stockbildenden Botryllus; die bekanntesten Ascidien sind aber wohl die durch ein intensives Leuchtvermögen ausgezeichneten Pyrosomen oder Feuerwalzen, deren freischwimmende Kolonien eine Länge von 10—20 cm erreichen. Die aus zahlreichen drüsenartigen Zellen bestehenden Leuchtorgane bilden in der Höhe der Flimmerbogen jederseits eine ansehnliche Masse. Pyrosoma.

Die Pyrosomen leiten von den typischen Ascidien zu den Salpen oder Thaliacea (3. Kl.) über. Die bedeutende äußere Ähnlichkeit zwischen den Feuerwalzen und Salpen wird dadurch bedingt, daß da wie dort der Mund an dem einen, die Kloakenöffnung an dem anderen Ende des tonnen- oder sackförmigen Körpers gelegen ist (Fig. 97); Pharynx und Kloakalhöhle liegen hier im wesentlichen hintereinander und kommunizieren durch 2 große Spalten, eine rechte und linke, oder durch 2 Reihen größerer Öffnungen (Dolioliden), durch die die Scheidewand zwischen Pharynx und Kloake auf ein schmales Band, das zugleich die Kieme bildet, reduziert wird. Flimmerbögen und Hypobranchialrinne fehlen auch hier nicht, sie vermitteln samt einem Flimmerbande, das vom Endostyl zum Oesophagus zieht, die Zuleitung der Nahrung. Magen, Darm, Herz und eventuell Gonaden bilden einen oft lebhaft gefärbten Knäuel, den sogenannten „Nucleus", der sich auf der ventralen Seite in der hinteren Partie des Tieres vorfindet und im wesentlichen die gleiche Lage hat wie die betreffenden Organe bei den Ascidien; dies gilt auch bezüglich des Gehirns, das wir auf der dorsalen Fläche in der Nähe des Mundes antreffen. Dem Gehirn liegt bei den Salpen ein unpaares hufeisenförmiges, wohlentwickeltes Auge an, eine unpaare Otocyste besitzt Doliolum (in der Ammengeneration). — Wir unterscheiden bei den Thaliaceen

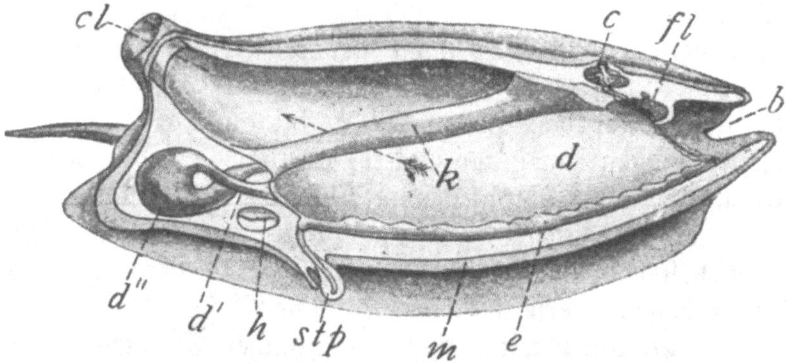

Fig. 97. Schema einer Salpe im Längsschnitt. Nach Delage und Hérouard. b Mund, c Gehirn mit aufliegendem Auge, cl Kloake, d Kiemendarm, d' Oesophagus, d'' Magen, e Endostyl, fl Flimmerstreifen, h Herz, k Kieme, m Mantel, stp Stolo prolifer. Der Pfeil deutet eine der beiden großen Spalten an, durch die das Wasser aus d nach cl strömt.

2 Formen von Individuen, solitäre und stockbildende, die in einem gesetzmäßigen Wechsel aufeinander folgen: die Solitärtiere (oder Ammen) erzeugen durch Knospung, die von einem besonders differenzierten Teil des Körpers, dem „Stolo prolifer", ausgeht, die stockbildenden Individuen, die ihrerseits auf geschlechtlichem Wege die solitäre Form hervorbringen. — Alle Thaliaceen leben pelagisch; Doliolum; Salpa democratica-mucronata (d. h. Salpa democratica ist die solitäre Amme, die durch Knospung Salpa mucronata, die Geschlechtsform, entstehen läßt).

Register.

Grundriß der lateinischen Sprachlehre von Professor Dr. W. Votsch in Magdeburg. Nr. 82.

Russische Grammatik von Dr. Erich Berneker, Professor an der Universität Breslau. Nr. 66.

Kleines russisches Vokabelbuch von Dr. Erich Boehme, Lektor an der Handelshochschule Berlin. Nr. 475.

Russisch-deutsches Gesprächsbuch v. Dr. Erich Berneker, Professor an der Universität Breslau. Nr. 68.

Russisches Lesebuch mit Glossar von Dr. Erich Berneker, Professor an der Universität Breslau. Nr. 67.

Geschichte der klassischen Philologie von Dr. Wilh. Kroll, ord. Prof. an der Universität Münster. Nr. 367.

Literaturgeschichtliche Bibliothek.

Deutsche Literaturgeschichte von Dr. Max Koch, Professor an der Universität Breslau. Nr. 31.

Deutsche Literaturgeschichte der Klassikerzeit von Professor Carl Weitbrecht. Durchgesehen und ergänzt von Prof. Dr. Karl Berger. Nr. 161.

Deutsche Literaturgeschichte des 19. Jahrhunderts von Prof. Carl Weitbrecht. Durchgesehen und ergänzt v. Dr. Richard Weitbrecht in Wimpfen. 2 Teile. Nr. 134 und 135.

Geschichte des deutschen Romans von Dr. Hellmuth Mielke. Nr. 229.

Gotische Sprachdenkmäler m. Grammatik, Übersetzung und Erläuterungen von Dr. Herm. Jantzen, Direktor der Königin Luise-Schule in Königsberg i. Pr. Nr. 79.

Althochdeutsche Literatur mit Grammatik, Übersetzung und Erläuterungen von Th. Schauffler, Professor am Realgymnasium in Ulm. Nr. 28.

Eddalieder mit Grammatik, Übersetzung und Erläuterungen von Dr. Wilh. Ranisch, Gymnasialoberlehrer in Osnabrück. Nr. 171.

Das Waltharí-Lied. Ein Heldensang aus dem 10. Jahrhundert im Versmaße der Urschrift übersetzt und erläutert von Professor Dr. H. Althof in Weimar. Nr. 46.

Dichtungen aus mittelhochdeutscher Frühzeit. In Auswahl mit Einleitungen und Wörterbuch herausgegeben von Dr. Hermann Jantzen, Direktor der Königin Luise-Schule in Königsberg i. Pr. Nr. 137.

Der Nibelunge Nôt in Auswahl und **mittelhochdeutsche Grammatik** m. kurz. Wörterbuch v. Dr. W. Golther, Prof. a. d. Univ. Rostock. Nr. 1.

Kudrun und Dietrichepen. Mit Einleitung und Wörterbuch von Dr. O. L. Jiriczek, Professor an der Universität Würzburg. Nr. 10.

Hartmann von Aue, Wolfram von Eschenbach und Gottfried von Straßburg. Auswahl aus dem höfischen Epos mit Anmerkungen und Wörterbuch von Dr. K. Marold, Professor am Kgl. Friedrichskollegium zu Königsberg i. Pr. Nr. 22.

Walther von der Vogelweide mit Auswahl a. **Minnesang u. Spruchdichtung.** Mit Anmerkungen und einem Wörterbuch von O. Güntter, Prof. a. d. Oberrealschule u. a. d. Techn. Hochschule in Stuttgart. Nr. 23.

Die Epigonen des höfischen Epos. Auswahl aus deutschen Dichtungen des 13. Jahrhunderts von Dr. Viktor Junk, Aktuarius der Kaiserlichen Akademie der Wissenschaften in Wien. Nr. 289.

Deutsche Literaturdenkmäler des 14. und 15. Jahrhunderts, ausgewählt und erläutert von Dr. Hermann Jantzen, Direktor der Königin Luise-Schule in Königsberg i. Pr. Nr. 181.

Deutsche Literaturdenkmäler des 16. Jahrhunderts. I: Martin Luther, Thomas Murner und das Kirchenlied des 16. Jahrhunderts. Ausgewählt und mit Einleitungen und Anmerkungen versehen von Prof. G. Berlit, Oberlehrer am Nikolaigymnasium zu Leipzig. Nr. 7.

— **II: Hans Sachs.** Ausgewählt und erläutert von Professor Dr. Julius Sahr. Nr. 24.

— **III: Von Brant b. Rollenhagen: Brant, Hutten, Fischart, sowie Tierepos und Fabel.** Ausgewählt und erläutert von Professor Dr. Julius Sahr. Nr. 36.

— **des 17. und 18. Jahrhunderts** von Dr. Paul Legband in Berlin. 1. Teil. Nr. 364.

Simplicius Simplicissimus von Hans Jakob Christoffel von Grimmelshausen. In Auswahl herausgegeben von Dr. F. Bobertag, Dozent an der Universität Breslau. Nr. 138.

Das deutsche Volkslied. Ausgewählt und erläutert von Professor Dr. Julius Sahr. 2 Bändchen. Nr. 25 und 132.

Englische Literaturgeschichte von Dr. Carl Weiser in Wien. Nr. 69.

Grundzüge und Haupttypen der englischen Literaturgeschichte von Dr. Arnold M. M. Schröer, Prof. an der Handelshochschule in Köln. 2 Teile. Nr. 286 und 287.

Italienische Literaturgeschichte von Dr. Karl Voßler, Professor an der Universität Heidelberg. Nr. 125.

Spanische Literaturgeschichte v. Dr. Rudolf Beer, Wien. 2 Bde. Nr. 167, 168.

Portugiesische Literaturgeschichte v. Dr. Karl von Reinhardstoettner, Professor an der Königl. Technischen Hochschule München. Nr. 213.

Russische Literaturgeschichte v. Dr. Georg Polonskij in München. Nr. 166.

Russische Literatur von Dr. Erich Boehme, Lektor an der Handelshochschule Berlin. I. Teil: Auswahl moderner Prosa und Poesie mit ausführl. Anmerk. u. Akzentbezeichnung. Nr. 403.

— II. Teil: Всеволодъ Гаршинъ, Разсказы. Mit Anmerkungen und Akzentbezeichnung. Nr. 404.

Slavische Literaturgeschichte von Dr. Josef Karásek in Wien. I: Ältere Literatur b. z. Wiedergeburt. Nr. 277.

— II: Das 19. Jahrhundert. Nr. 278.

Nordische Literaturgeschichte. I: Die isländische u. norwegische Literatur des Mittelalters v. Dr. Wolfgang Golther, Prof. an der Univ. Rostock. Nr. 254.

Die Hauptliteraturen des Orients von Dr. Mich. Haberlandt, Privatdoz. a. d. Univers. Wien. I: Die Literaturen Ostasiens und Indiens. Nr. 162.

— II: Die Literaturen der Perser, Semiten und Türken. Nr. 163.

Die christlichen Literaturen des Orients von Dr. Anton Baumstark. I: Einleitung. — Das christlich-aramäische u. d. koptische Schrifttum. Nr. 527.

— II: Das christlich-arabische und das äthiopische Schrifttum. — Das christliche Schrifttum der Armenier und Georgier. Nr. 528.

Griechische Literaturgeschichte mit Berücksichtigung der Wissenschaften von Dr. Alfred Gercke, Professor an der Universität Greifswald. Nr. 70.

Römische Literaturgeschichte von Dr. Herm. Joachim, Hamburg. Nr. 52.

Die Metamorphosen des P. Ovidius Naso. In Auswahl mit einer Einleitung und Anmerkungen herausgegeben von Dr. Julius Ziehen in Frankfurt a. M. Nr. 442.

Vergil, Aeneis. In Auswahl mit einer Einleitung und Anmerkungen herausgegeben von Dr. Julius Ziehen in Frankfurt a. M. Nr. 497.

Geschichtliche Bibliothek.

Einleitung in die Geschichtswissenschaft v. Dr. Ernst Bernheim, Prof. a. d. Universität Greifswald. Nr. 270.

Urgeschichte der Menschheit von Dr. Moriz Hoernes, Prof. a. d. Universität Wien. Mit 53 Abbildungen. Nr. 42.

Geschichte des alten Morgenlandes von Dr. Fr. Hommel, o. ö. Prof. der semitischen Sprachen an der Universit. München. Mit 9 Voll- u. Textbildern u. 1 Karte des Morgenlandes. Nr. 43.

Geschichte Israels bis auf die griech. Zeit v. Lic. Dr. J. Benzinger. Nr. 231.

Neutestamentliche Zeitgeschichte v. Lic. Dr. W. Staerk, Prof. an der Universität Jena. I: Der historische und kulturgeschichtliche Hintergrund des Urchristentums. Mit 3 Karten. Nr. 325.

— II: Die Religion des Judentums im Zeitalter des Hellenismus u. d. Römerherrschaft. Mit 1 Planskizze. Nr. 326.

Griechische Geschichte von Dr. Heinrich Swoboda, Professor a. d. Deutschen Universität Prag. Nr. 49.

Griechische Altertumskunde v. Prof. Dr. Rich. Maisch, neu bearbeitet von Rektor Dr. Franz Pohlhammer. Mit 9 Vollbildern. Nr. 16.

Römische Geschichte von Realgymnasialdirektor Dr. Julius Koch in Grunewald. Nr. 19.

Römische Altertumskunde v. Dr. Leo Bloch, Wien. Mit 8 Vollbild. Nr. 45.

Geschichte d. byzantinischen Reiches v. Dr. K. Roth in Kempten. Nr. 190.

Deutsche Geschichte von Prof. Dr. F. Kurze, Oberlehrer am Königl. Luisengymnasium in Berlin. I: **Mittelalter** (bis 1519). Nr. 33.

— II: **Zeitalter der Reformation und der Religionskriege** (1500 bis 1648). Nr. 34.

— III: **Vom Westfälischen Frieden bis zur Auflösung des alten Reichs** (1648—1806). Nr. 35.

Deutsche Stammeskunde von Dr. Rudolf Much, Prof. a. d. Univ. Wien. Mit 2 Karten und 2 Tafeln. Nr. 126.

Die deutschen Altertümer von Dr. Franz Fuhse, Dir. d. Städt. Museums in Braunschweig. Mit 70 Abb. Nr. 124.

Abriß der Burgenkunde von Hofrat Dr. Otto Piper in München. Mit 30 Abbildungen. Nr. 119.

Deutsche Kulturgeschichte von Dr. Reinh. Günther. Nr. 56.

Deutsches Leben im 12. u. 13. Jahrhundert von Prof. Dr. Jul. Dieffenbacher i. Freiburg i. B. Realkommentar zu den Volks- und Kunstepen und zum Minnesang. I: Öffentliches Leben. Mit 1 Tafel und Abbildgn. Nr. 93.

— II: Privatleben. Mit Abb. Nr. 328.

Quellenkunde der Deutschen Geschichte von Dr. Carl Jacob, Prof. a. d. Univ. Tübingen. 1. Bd. Nr. 279.

Österreichische Geschichte von Prof. Dr. Franz von Krones, neu bearbeitet von Dr. Karl Uhlirz, Prof. an der Universität Graz. I: Von der Urzeit bis z. Tode König Albrechts II. (1439). Mit 11 Stammtafeln. Nr. 104.

— — II: Vom Tode König Albrechts II. bis zum Westfälischen Frieden (1440 bis 1648). Mit 2 Stammtaf. Nr. 105.

Englische Geschichte von Professor L. Gerber in Düsseldorf. Nr. 375.

Französische Geschichte von Dr. R. Sternfeld, Professor an der Universität Berlin. Nr. 85.

Russische Geschichte von Dr. Wilhelm Reeb, Oberlehrer am Ostergymnasium in Mainz. Nr. 4.

Polnische Geschichte von Dr. Clemens Brandenburger in Posen. Nr. 338.

Spanische Geschichte von Dr. Gust. Diercks. Nr. 266.

Schweizerische Geschichte von Dr. K. Dändliker, Professor an der Universität Zürich. Nr. 188.

Geschichte der christlichen Balkanstaaten (Bulgarien, Serbien, Rumänien, Montenegro, Griechenland) von Dr. K. Roth in Kempten. Nr. 331.

Bayerische Geschichte von Dr. Hans Ockel in Augsburg. Nr. 160.

Geschichte Frankens v. Dr. Christian Meyer, Kgl. preuß. Staatsarchivar a. D. in München. Nr. 434.

Sächsische Geschichte von Professor Otto Kaemmel, Rektor des Nikolaigymnasiums zu Leipzig. Nr. 100.

Thüringische Geschichte v. Dr. Ernst Devrient in Leipzig. Nr. 352.

Badische Geschichte von Dr. Karl Brunner, Professor am Gymnasium zu Pforzheim und Privatdozent der Geschichte an der Technischen Hochschule in Karlsruhe. Nr. 230.

Württembergische Geschichte v. Dr. Karl Weller, Professor am Karlsgymnasium in Stuttgart. Nr. 462.

Geschichte Lothringens von Geheim. Regierungsrat Dr. Herm. Derichsweiler in Straßburg. Nr. 6.

Die Kultur der Renaissance. Gesittung, Forschung, Dichtung von Dr. Robert F. Arnold, Professor an der Universität Wien. Nr. 189.

Geschichte des 19. Jahrhunderts v. Oskar Jäger, o. Honorarprofessor an der Universität Bonn. 1. Bändchen: 1800—1852. Nr. 216.

— — 2. Bändchen: 1853 bis Ende d. Jahrhunderts. Nr. 217.

Kolonialgeschichte von Dr. Dietrich Schäfer, Professor der Geschichte an der Universität Berlin. Nr. 156.

Die Seemacht in der deutschen Geschichte von Wirkl. Admiralitätsrat Dr. Ernst von Halle, Professor an der Universität Berlin. Nr. 370.

Geographische Bibliothek.

Physische Geographie v. Dr. Siegm. Günther, Professor an der Königl. Technischen Hochschule in München. Mit 32 Abbildungen. Nr. 26.

Astronomische Geographie von Dr. Siegm. Günther, Professor an der Kgl. Technisch. Hochschule in München. Mit 52 Abbildungen. Nr. 92.

Klimakunde. I: Allgemeine Klimalehre von Professor Dr. W. Köppen, Meteorologe der Seewarte Hamburg. Mit 7 Tafeln u. 2 Figuren. Nr. 114.

Paläoklimatologie von Dr. Wilh. R. Eckardt, Assistent a. Meteorologischen Observatorium und der öffentl. Wetterdienststelle in Aachen. Nr. 482.

Meteorologie von Dr. W. Trabert, Prof. an der Univers. in Innsbruck. Mit 49 Abbild. u. 7 Tafeln. Nr. 54.

Physische Meereskunde v. Prof. Dr. Gerhard Schott, Abteilungsvorsteher a. der Deutschen Seewarte in Hamburg. Mit 39 Abb. im Text u. 8 Taf. Nr. 112.

Paläogeographie. Geologische Geschichte der Meere u. Festländer v. Dr. Fr. Kossmat, Wien. M. 6 Kart. Nr. 406.

Das **Eiszeitalter** von Dr. Emil Werth in Berlin-Wilmersdorf. Mit 17 Abbildungen und 1 Karte. Nr. 431.

Die **Alpen** v. Dr. Robert Sieger, Prof. an der Universität Graz. Mit 19 Abbildungen und 1 Karte. Nr. 129.

Gletscherkunde v. Dr. Fritz Machaček in Wien. Mit 5 Abbildungen im Text und 11 Tafeln. Nr. 154.

Pflanzengeographie von Prof. Dr. Ludwig Diels, Privatdozent an der Universität Berlin. Nr. 389.

Tiergeographie v. Dr. Arnold Jacobi, Prof. der Zoologie a. d. Kgl. Forstak. zu Tharandt. Mit 2 Karten. Nr. 218.

Länderkunde von Europa von Dr. Franz Heiderich, Prof. an der Exportakademie in Wien. Mit 10 Textkärtchen und Profilen und einer Karte der Alpeneinteilung. Nr. 62.

Länderkunde der außereurop. Erdteile von Dr. Franz Heiderich, Prof. an der Exportakademie in Wien. Mit 11 Textkärtchen und Profilen. Nr. 63.

Landeskunde und Wirtschaftsgeographie d. Festlandes Australien von Dr. Kurt Hassert, Prof. an der Handelshochschule i. Köln. Mit 8 Abb., 6 graph. Tabell. u. 1 Karte. Nr. 319.

Landeskunde von Baden von Prof. Dr. O. Kienitz in Karlsruhe. Mit Profilen, Abbild. u. 1 Karte. Nr. 199.

— **des Königreichs Bayern** von Dr. W. Götz, Professor an der Kgl. Techn. Hochschule München. Mit Profilen, Abbildungen und 1 Karte. Nr. 176.

Landeskunde der Republik Brasilien von Rodolpho von Ihering. Mit 12 Abb. u. einer Karte. Nr. 373.

— **von Britisch-Nordamerika** von Professor Dr. A. Oppel in Bremen. Mit 13 Abbild. u. 1 Karte. Nr. 284.

— **von Elsaß-Lothringen** von Prof. Dr. R. Langenbeck in Straßburg i. E. Mit 11 Abbild. u. 1 Karte. Nr. 215.

— **von Frankreich** von Dr. Richard Neuse, Direktor der Oberrealschule in Spandau. 1. Bändchen. Mit 23 Abbildungen im Text und 16 Landschaftsbildern auf 16 Tafeln. Nr. 466.

— — 2. Bändchen. Mit 15 Abbildungen im Text, 18 Landschaftsbildern auf 16 Tafeln u. 1 lithogr. Karte. Nr. 467.

— **des Großherzogtums Hessen, der Provinz Hessen-Nassau und des Fürstentums Waldeck** von Prof. Dr. Georg Greim in Darmstadt. Mit 13 Abbild. u. 1 Karte. Nr. 376.

— **der Iberischen Halbinsel** von Dr. Fritz Regel, Professor an der Universität Würzburg. Mit 8 Kärtchen und 8 Abbildungen im Text und 1 Karte in Farbendruck. Nr. 235.

— **der Großherzogtümer Mecklenburg u. d. Freien u. Hansestadt Lübeck** von Dr. Sebald Schwarz, Direktor der Realschule zum Dom in Lübeck. Mit 17 Abbildungen und Karten im Text, 16 Tafeln und einer Karte in Lithographie. Nr. 487.

— **von Österreich-Ungarn** von Dr. Alfred Grund, Professor an der Universität Berlin. Mit 10 Textillustrationen und 1 Karte. Nr. 244.

— **der Rheinprovinz** von Dr. V. Steinecke, Direktor des Realgymnasiums in Essen. Mit 9 Abbildungen, 3 Kärtchen und 1 Karte. Nr. 308.

— **des Europäisch. Rußlands nebst Finnlands** von Dr. Alfred Philippson, ord. Prof. der Geographie an der Univ. Halle a. S. Mit 9 Abb., 7 Textkarten und 1 lithogr. Karte. Nr. 359.

— **des Königreichs Sachsen** v. Dr. J. Zemmrich, Oberlehrer am Realgymnasium in Plauen. Mit 12 Abbildungen und 1 Karte. Nr. 258.

— **der Schweiz** von Professor Dr. H. Walser in Bern. Mit 16 Abbildungen und einer Karte. Nr. 398.

Landeskunde von Skandinavien (Schweden, Norwegen und Dänemark) von Kreisschulinspektor Heinrich Kerp in Kreuzburg. Mit 11 Abbildungen und 1 Karte. Nr. 202.

— **der Vereinigten Staaten von Nordamerika** von Prof. Heinrich Fischer, Oberlehrer am Luisenstädtischen Realgymnas. in Berlin. Mit Karten, Fig. u. Taf. 2 Bde. Nr. 381, 382.

— **des Königreichs Württemberg** von Dr. Kurt Hassert, Prof. an der Handelshochschule in Köln. M. 16 Vollbildern und 1 Karte. Nr. 157.

Die deutschen Kolonien I: Togo und Kamerun von Prof. Dr. Karl Dove in Göttingen. Mit 16 Tafeln und einer lithographischen Karte. Nr. 441.

Landes- u. Volkskunde Palästinas v. Privatdoz. Dr. G. Hölscher, Halle a. S. Mit 8 Vollbildern u. 1 Karte. Nr. 345.

Völkerkunde von Dr. Michael Haberlandt, Privatdozent an der Universität Wien. Mit 56 Abbildung. Nr. 73.

Kartenkunde, geschichtlich dargestellt v. E. Gelcich, Direktor der k. k. Nautischen Schule, Lussinpiccolo, F. Sauter, Prof. am Realgymnasium in Ulm und Dr. Paul Dinse, Assistent der Gesellschaft für Erdkunde in Berlin, neu bearbeitet v. Dr. M. Groll, Kartograph in Berlin. Mit 71 Abbild. Nr. 30.

Mathematische und astronomische Bibliothek.

Geschichte der Mathematik von Dr. A. Sturm, Prof. am Obergymnasium in Seitenstetten. Nr. 226.

Arithmetik und Algebra von Dr. Hermann Schubert, Professor an der Gelehrtenschule des Johanneums in Hamburg. Nr. 47.

Beispielsammlung zur Arithmetik und Algebra von Dr. Hermann Schubert, Prof. a. d. Gelehrtenschule des Johanneums in Hamburg. Nr. 48.

Algebraische Kurven v. Eugen Beutel, Oberreallehrer in Vaihingen-Enz. I: Kurvendiskussion. Mit 57 Figuren im Text. Nr. 435.

— **II:** Theorie und Kurven dritter und vierter Ordnung. Mit 52 Figuren im Text. Nr. 436.

Determinanten von Paul B. Fischer, Oberlehrer an der Oberrealschule zu Groß-Lichterfelde. Nr. 402.

Koordinatensysteme v. Paul B. Fischer, Oberlehrer an der Oberrealschule zu Groß-Lichterfelde. Mit 8 Fig. Nr. 507.

Ebene Geometrie mit 110 zweifarbig. Figuren von G. Mahler, Professor am Gymnasium in Ulm. Nr. 41.

Darstellende Geometrie von Dr. Rob. Haußner, Prof. an der Univers. Jena. **I:** Mit 110 Figuren. Nr. 142.

— **II:** Mit 40 Figuren. Nr. 143.

Wahrscheinlichkeitsrechnung von Dr. Franz Hack, Professor am Eberhard-Ludwigs-Gymnasium i. Stuttgart. Mit 15 Figuren im Text. Nr. 508.

Ebene u. sphärische Trigonometrie mit 70 Figuren von Dr. Gerhard Hessenberg, Prof. a. d. Landwirtschaftl. Akademie Bonn-Poppelsdorf. Nr. 99.

Stereometrie mit 66 Figuren von Dr. R. Glaser in Stuttgart. Nr. 97.

Niedere Analysis mit 6 Figuren von Professor Dr. Benedikt Sporer in Ehingen. Nr. 53.

Vierstellige Tafeln u. Gegentafeln für logarithmisches und trigonometrisches Rechnen in zwei Farben zusammengestellt von Dr. Hermann Schubert, Prof. an d. Gelehrtenschule d. Johanneums in Hamburg. Nr. 81.

Fünfstellige Logarithmen von Prof. Aug. Adler, Direktor der k. k. Staatsoberrealschule in Wien. Nr. 423.

Analytische Geometrie der Ebene mit 57 Figuren von Professor Dr. M. Simon in Straßburg. Nr. 65.

Aufgabensammlung zur analytisch. Geometrie der Ebene mit 32 Fig. von O. Th. Bürklen, Prof. am Realgymnas. in Schwäb.-Gmünd. Nr. 256.

Analytische Geometrie des Raumes mit 28 Abbildungen von Professor Dr. M. Simon in Straßburg. Nr. 89.

Aufgabensammlung zur analytischen Geometrie des Raumes mit 8 Fig. von O. Th. Bürklen, Prof. am Realgymnas. in Schwäb.-Gmünd. Nr. 309.

Höhere Analysis von Dr. Friedrich Junker, Prof. am Karlsgymnasium in Stuttgart. **I: Differentialrechnung** mit 68 Figuren. Nr. 87.

— **II: Integralrechnung** mit 89 Figuren. Nr. 88.

Repetitorium und Aufgabensammlung zur Differentialrechnung mit 46 Fig. von Dr. Friedr. Junker, Prof. a. Karlsgymn., Stuttgart. Nr. 146.

Repetitorium und Aufgabensammlung zur Integralrechnung mit 52 Fig. von Dr. Friedr. Junker, Prof. am Karlsgymn. in Stuttgart. Nr. 147.

Projektive Geometrie in synthetischer Behandlung mit 91 Fig. von Dr. K. Doehlemann, Professor an der Universität München. Nr. 72.

Mathematische Formelsammlung u. Repetitorium der Mathematik, enth. die wichtigsten Formeln und Lehrsätze der Arithmetik, Algebra, algebraischen Analysis, ebenen Geometrie, Stereometrie, ebenen und sphärischen Trigonometrie, mathem. Geographie, analyt. Geometrie der Ebene und des Raumes, der Differential- und Integralrechnung von O. Th. Bürklen, Professor a. Königl. Realgymnasium in Schwäb.-Gmünd. Mit 18 Fig. Nr. 51.

Einführung in die geometrische Optik von Dr. W. Hinrichs in Wilmersdorf-Berlin. Nr. 532.

Versicherungsmathematik von Dr. Alfred Loewy, Professor an der Universität Freiburg i. Br. Nr. 180.

Geometrisches Zeichnen v. H. Becker, neu bearbeitet v. Prof. J. Vonderlinn, Direktor der Kgl. Baugewerkschule zu Münster i. W. Mit 290 Figuren und 23 Tafeln im Text. Nr. 58.

Vektoranalysis von Dr. Siegfr. Valentiner, Privatdozent für Physik an der Univers. Berlin. Mit 11 Fig. Nr. 354.

Astronomie. Größe, Bewegung und Entfernung der Himmelskörper von A. F. Möbius, neu bearbeitet von Dr. Herm. Kobold, Prof. an der Universität Kiel. **I**: Das Planetensystem. Mit 33 Abbildungen. Nr. 11.

— **II**: Kometen, Meteore und das Sternsystem. Mit 14 Figuren und 2 Sternkarten. Nr. 529.

Astrophysik. Die Beschaffenheit der Himmelskörper v. Dr. Walter F. Wislicenus, neu bearb. von Dr. H. Ludendorff, Potsdam. Mit 15 Abb. Nr. 91.

Astronomische Geographie mit 52 Fig. von Dr. Siegm. Günther, Prof. a. d. Techn. Hochschule in München. Nr. 92.

Vermessungskunde von Dipl.-Ingen. P. Werkmeister, Oberlehrer an der Kaiserl. Techn. Schule i. Straßburg i. E. **I**: Feldmessen und Nivellieren. Mit 146 Abbildungen. Nr. 468.

— **II**: Der Theodolit. Trigonometrische u. barometrische Höhenmessung. Tachymetrie. Mit 109 Abbild. Nr. 469.

Ausgleichungsrechnung nach der Methode der kleinsten Quadrate mit 15 Fig. und 2 Tafeln von Wilh. Weitbrecht, Professor der Geodäsie in Stuttgart. Nr. 302.

Nautik. Kurzer Abriß des täglich an Bord von Handelsschiffen angewandten Teils der Schiffahrtskunde mit 56 Abbild. von Dr. Franz Schulze, Direktor d. Navigationsschule zu Lübeck. Nr. 84.

☞ Gleichzeitig macht die Verlagshandlung auf die „Sammlung Schubert“, eine Sammlung mathematischer Lehrbücher, aufmerksam. Ein vollständiges Verzeichnis dieser Sammlung, sowie ein ausführlicher Katalog aller übrigen mathematischen Werke der G. J. Göschen'schen Verlagshandlung kann kostenfrei durch jede Buchhandlung bezogen werden.

Naturwissenschaftliche Bibliothek.

Paläontologie und Abstammungslehre von Professor Dr. Karl Diener in Wien. Mit 9 Abbild. Nr. 460.

Der menschliche Körper, sein Bau und seine Tätigkeiten von E. Rebmann, Oberschulrat in Karlsruhe. Mit Gesundheitslehre von Dr. med. H. Seiler. M. 47 Abb. u. 1 Taf. Nr. 18.

Urgeschichte der Menschheit von Dr. Moriz Hoernes, Prof. an der Universität Wien. Mit 53 Abb. Nr. 42.

Völkerkunde von Dr. Michael Haberlandt, k. u. k. Kustos der ethnogr. Sammlung des naturhistor. Hofmuseums und Privatdozent an der Universität Wien. Mit 51 Abbildungen. Nr. 73.

Tierkunde von Dr. Franz v. Wagner, Professor an der Universität Graz. Mit 78 Abbildungen. Nr. 60.

Abriß der Biologie der Tiere von Dr. Heinrich Simroth, Professor an der Universität Leipzig. Nr. 131.

Tiergeographie von Dr. Arnold Jacobi, Professor der Zoologie an der Königl. Forstakademie zu Tharandt. Mit 2 Karten. Nr. 218.

Das Tierreich. I: Säugetiere von Oberstudienrat Professor Dr. Kurt Lampert, Vorsteher des Königlichen Naturalienkabinetts in Stuttgart. Mit 15 Abbildungen. Nr. 282.

— **III: Reptilien und Amphibien** von Dr. Franz Werner, Privatdozent an der Universität Wien. Mit 48 Abbildungen. Nr. 383.

— **IV: Fische** von Dr. Max Rauther, Professor der Zoologie an der Univ. Jena. Mit 37 Abb. Nr. 356.

— **VI: Die wirbellosen Tiere** von Dr. Ludwig Böhmig, Professor der Zoologie an der Universität Graz. I: Urtiere, Schwämme, Nesseltiere, Rippenquallen und Würmer. Mit 74 Figuren. Nr. 439.

— — II: Krebse, Spinnentiere, Tausendfüßer, Weichtiere, Moostierchen, Armfüßer, Stachelhäuter und Manteltiere. Mit 97 Figuren. Nr. 440.

Entwicklungsgeschichte der Tiere von Dr. Johannes Meisenheimer, Professor der Zoologie an der Universität Marburg. I: Furchung, Primitivanlagen, Larven, Formbildung, Embryonalhüllen. Mit 48 Fig. Nr. 378.

— II: Organbildung. Mit 46 Fig. Nr. 379.

Schmarotzer und Schmarotzertum in der Tierwelt. Erste Einführung in die tierische Schmarotzerkunde von Dr. Franz von Wagner, Prof. an der Univ. Graz. Mit 67 Abb. Nr. 151.

Geschichte der Zoologie von Dr. Rud. Burckhardt, weil. Direktor der Zoologischen Station des Berliner Aquariums in Rovigno (Istrien). Nr. 357.

Die Pflanze, ihr Bau und ihr Leben von Professor Dr. E. Dennert in Godesberg. Mit 96 Abbildungen. Nr. 44.

Das Pflanzenreich. Einteilung des gesamten Pflanzenreichs mit den wichtigsten und bekanntesten Arten von Dr. F. Reinecke in Breslau und Dr. W. Migula, Professor an der Forstakademie Eisenach. Mit 50 Figuren. Nr. 122.

Die Stämme des Pflanzenreichs von Privatdozent Dr. Rob. Pilger, Kustos am Königl. Botanischen Garten in Berlin-Dahlem. Mit 22 Abbildungen. Nr. 485.

Pflanzenbiologie von Dr. W. Migula, Professor an der Forstakademie Eisenach. Mit 50 Abbildungen. Nr. 127.

Pflanzengeographie von Prof. Dr. Ludwig Diels, Privatdozent an der Universität Berlin. Nr. 389.

Morphologie, Anatomie und Physiologie der Pflanzen von Dr. W. Migula, Professor an der Forstakademie Eisenach. Mit 50 Abbild. Nr. 141.

Die Pflanzenwelt der Gewässer von Dr. W. Migula, Professor an der Forstakademie Eisenach. Mit 50 Abbildungen. Nr. 158.

Exkursionsflora von Deutschland zum Bestimmen d. häufigeren in Deutschland wildwachsenden Pflanzen von Dr. W. Migula, Professor an der Forstakademie Eisenach. 2 Teile. Mit 100 Abbildungen. Nr. 268, 269.

Die Nadelhölzer von Prof. Dr. F. W. Neger in Tharandt. Mit 85 Abbild., 5 Tabellen und 3 Karten. Nr. 355.

Nutzpflanzen von Professor Dr. J. Behrens, Vorst. der Großh. landwirtschaftlichen Versuchsanstalt Augustenberg. Mit 53 Figuren. Nr. 123.

Das System der Blütenpflanzen mit Ausschluß der Gymnospermen von Dr. R. Pilger, Assistent am Königl. Botanischen Garten in Berlin-Dahlem. Mit 31 Figuren. Nr. 393.

Pflanzenkrankheiten von Dr. Werner Friedrich Bruck in Gießen. Mit 1 farb. Tafel und 45 Abbildungen. Nr. 310.

Mineralogie von Dr. Robert Brauns, Professor an der Universität Bonn. Mit 132 Abbildungen. Nr. 29.

Geologie in kurzem Auszug für Schulen und zur Selbstbelehrung zusammengestellt von Professor Dr. Eberh. Fraas in Stuttgart. Mit 16 Abbildungen u. 4 Tafeln mit 51 Figuren. Nr. 13.

Paläontologie von Dr. Rud. Hoernes, Professor an der Universität Graz. Mit 87 Abbildungen. Nr. 95.

Petrographie von Dr. W. Bruhns, Professor an der Universität Straßburg i. E. Mit 15 Abbildungen. Nr. 173.

Kristallographie von Dr. W. Bruhns, Prof. an der Universität Straßburg i. E. Mit 190 Abbildungen. Nr. 210.

Geschichte der Physik von A. Kistner, Professor an der Großh. Realschule zu Sinsheim a. E. I: Die Physik bis Newton. Mit 13 Figuren. Nr. 293.

Geschichte der Physik. II: Die Physik von Newton bis zur Gegenwart. Mit 3 Figuren. Nr. 294.

Theoretische Physik. Von Dr. Gustav Jäger, Prof. der Physik an der Techn. Hochschule in Wien. **I.** Teil: Mechanik u. Akustik. M. 19 Abb. Nr. 76.

— **II.** Teil: Licht und Wärme. Mit 47 Abbildungen. Nr. 77.

— **III.** Teil: Elektrizität und Magnetismus. Mit 33 Abbildungen. Nr. 78.

— **IV.** Teil: Elektromagnetische Lichttheorie u. Elektronik. Mit 21 Fig. Nr. 374.

Radioaktivität von Wilh. Frommel. Mit 18 Figuren. Nr. 317.

Physikalische Messungsmethoden von Wilhelm Bahrdt, Oberlehrer an der Oberrealschule in Groß-Lichterfelde. Mit 49 Figuren. Nr. 301.

Physikalische Aufgabensammlung von G. Mahler, Prof. am Gymnasium in Ulm. Mit den Resultaten. Nr. 243.

Physikalische Formelsammlung von G. Mahler, Professor am Gymnasium in Ulm. Nr. 136.

Physikalisch-Chemische Rechenaufgaben von Prof. Dr. R. Abegg und Privatdozent Dr. O. Sackur, beide an der Universität Breslau. Nr. 445.

Vektoranalysis von Dr. Siegfr. Valentiner, Privatdozent für Physik an der Univ. Berlin. Mit 11 Fig. Nr. 354.

Geschichte der Chemie von Dr. Hugo Bauer, Assistent am chemischen Laboratorium der Königl. Technischen Hochschule Stuttgart. I: Von den ältesten Zeiten bis zur Verbrennungstheorie von Lavoisier. Nr. 264.

— **II:** Von Lavoisier b. z. Gegenw. Nr. 265.

Anorganische Chemie von Dr. Jos. Klein in Mannheim. Nr. 37.

Metalloide (Anorganische Chemie I. Teil) von Dr. Oskar Schmidt, dipl. Ingenieur, Assistent an der Königl. Baugewerkschule in Stuttgart. Nr. 211.

Metalle (Anorganische Chemie II. Teil) von Dr. Oskar Schmidt, dipl. Ingenieur, Assistent an der Kgl. Baugewerkschule in Stuttgart. Nr. 212.

Organische Chemie von Dr. Jos. Klein in Mannheim. Nr. 38.

Chemie der Kohlenstoffverbindungen von Dr. Hugo Bauer, Assistent am chem. Laboratorium der Kgl. Technischen Hochschule Stuttgart. **I. II.** Aliphatische Verbindungen. 2 Teile. Nr. 191, 192.

Chemie der Kohlenstoffverbindungen. III: Karbocyklische Verbindungen. Nr. 193.

— **IV:** Heterocyklische Verbind. Nr. 194.

Analytische Chemie von Dr. Johannes Hoppe. I: Theorie und Gang der Analyse. Nr. 247.

— **II:** Reaktion der Metalloide und Metalle. Nr. 248.

Maßanalyse von Dr. Otto Röhm in Stuttgart. Mit 14 Figuren. Nr. 221.

Technisch-Chemische Analyse von Dr. G. Lunge, Professor an der Eidgen. Polytechnischen Schule in Zürich. Mit 16 Abbildungen. Nr. 195.

Stereochemie von Dr. E. Wedekind, Professor an der Universität Tübingen. Mit 34 Abbildungen. Nr. 201.

Allgemeine u. physikalische Chemie von Dr. Max Rudolphi, Professor an der Technischen Hochschule in Darmstadt. Mit 22 Figuren. Nr. 71.

Elektrochemie von Dr. Heinrich Danneel in Genf. **I.** Teil: Theoretische Elektrochemie und ihre physikalisch-chemischen Grundlagen. Mit 18 Figuren. Nr. 252.

— **II:** Experimentelle Elektrochemie, Meßmethoden, Leitfähigkeit, Lösungen. Mit 26 Figuren. Nr. 253.

Toxikologische Chemie von Privatdozent Dr. E. Mannheim in Bonn. Mit 6 Abbildungen. Nr. 465.

Agrikulturchemie. I: Pflanzenernährung v. Dr. Karl Grauer. Nr. 329.

Das agrikulturchemische Kontrollwesen von Dr. Paul Krische in Göttingen. Nr. 304.

Agrikulturchemische Untersuchungsmethoden von Professor Dr. Emil Haselhoff, Vorsteher der landwirtschaftl. Versuchsstation in Marburg. Nr. 470.

Physiologische Chemie von Dr. med. A. Legahn in Berlin. **I:** Assimilation. Mit 2 Tafeln. Nr. 240.

— **II:** Dissimilation. Mit 1 Taf. Nr. 241.

Meteorologie von Dr. W. Trabert, Professor an der Universität Innsbruck. Mit 49 Abbild. u. 7 Tafeln. Nr. 54.

Erdmagnetismus, Erdstrom und Polarlicht von Dr. A. Nippoldt jr., Mitglied des Königl. Preuß. Meteorologischen Instituts zu Potsdam. Mit 14 Abbildungen und 3 Taf. Nr. 175.

Astronomie. Größe, Bewegung und Entfernung der Himmelskörper von A. F. Möbius, neu bearbeitet von Dr. Herm. Kobold, Professor an der Universität Kiel. I: Das Planetensystem. Mit 33 Abbildungen. Nr. 11.

— II: Kometen, Meteore und das Sternsystem. Mit 14 Figuren und 2 Sternkarten. Nr. 529.

Astrophysik. Die Beschaffenheit der Himmelskörper von Professor Dr. Walter F. Wislicenus. Neu bearbeitet von Dr. H. Ludendorff, Potsdam. Mit 15 Abbildungen. Nr. 91.

Astronomische Geographie von Dr. Siegmund Günther, Professor an der Technischen Hochschule in München. Mit 52 Abbildungen. Nr. 92.

Physische Geographie von Dr. Siegmund Günther, Professor an der Kgl. Technischen Hochschule in München. Mit 32 Abbildungen. Nr. 26.

Physische Meereskunde von Professor Dr. Gerhard Schott, Abteilungsvorsteher an der Deutschen Seewarte in Hamburg. Mit 39 Abbildungen im Text und 8 Tafeln. Nr. 112.

Klimakunde I: Allgemeine Klimalehre von Professor Dr. W. Köppen, Meteorologe der Seewarte Hamburg. Mit 7 Tafeln und 2 Figuren. Nr. 114.

Paläoklimatologie von Dr. Wilh. R. Eckardt in Aachen. Nr. 482.

Bibliothek der Physik.

Siehe unter Naturwissenschaften.

Bibliothek der Chemie.

Siehe unter Naturwissenschaften und Technologie.

Bibliothek der Technologie.

Chemische Technologie.

Allgemeine chemische Technologie von Gustav Rauter in Charlottenburg. Nr. 113.

Die Fette und Öle sowie die **Seifen- und Kerzenfabrikation** und die **Harze, Lacke, Firnisse** mit ihren wichtigsten Hilfsstoffen von Dr. Karl Braun. I: Einführung in die Chemie, Besprechung einiger Salze und der Fette und Öle. Nr. 335.

Die Fette und Öle. II: Die Seifenfabrikation, die Seifenanalyse und die Kerzenfabrikation. M. 25 Abb. Nr. 336.

— III: Harze, Lacke, Firnisse. Nr. 337.

Ätherische Öle und Riechstoffe von Dr. F. Rochussen in Miltitz. Mit 9 Abbildungen. Nr. 446.

Die Explosivstoffe. Einführung in die Chemie der explosiven Vorgänge von Dr. H. Brunswig in Neubabelsberg. Mit 16 Abbildungen. Nr. 333.

Brauereiwesen I: Mälzerei von Dr. Paul Dreverhoff, Direktor der Brauer- und Mälzerschule in Grimma. Mit 16 Abbildungen. Nr. 303.

Das Wasser und seine Verwendung in Industrie und Gewerbe von Dipl.-Ing. Dr. Ernst Leher. Mit 15 Abbildungen. Nr. 261.

Wasser und Abwässer. Ihre Zusammensetzung, Beurteilung und Untersuchung von Prof. Dr. Emil Haselhoff, Vorsteher der landwirtsch. Versuchsstation in Marburg in Hessen. Nr. 473.

Zündwaren von Direktor Dr. Alfons Bujard, Vorstand des Städt. Chem. Laboratoriums in Stuttgart. Nr. 109.

Anorganische chemische Industrie von Dr. Gustav Rauter in Charlottenburg. I: Die Leblancsodaindustrie und ihre Nebenzweige. Mit 12 Taf. Nr. 205.

— II: Salinenwesen, Kalisalze, Düngerindustrie und Verwandtes. Mit 6 Tafeln. Nr. 206.

— III: Anorganische chemische Präparate. Mit 6 Tafeln. Nr. 207.

Metallurgie von Dr. Aug. Geitz in München. 2 Bände. Mit 21 Figuren. Nr. 313, 314.

Elektrometallurgie von Regier.-Rat Dr. Fr. Regelsberger in Steglitz-Berlin. Mit 16 Figuren. Nr. 110.

Die Industrie der Silikate, der künstlichen Bausteine und des Mörtels von Dr. Gustav Rauter. I: Glas- und keramische Industrie. Mit 12 Tafeln. Nr. 233.

— II: Die Industrie der künstlichen Bausteine und des Mörtels. Mit 12 Tafeln. Nr. 234.

Die Teerfarbstoffe mit besonderer Berücksichtigung der synthetischen Methoden von Dr. Hans Bucherer. Prof. an der Kgl. Techn. Hochschule Dresden. Nr. 214.

Mechanische Technologie.

Mechanische Technologie von Geh. Hofrat Professor A. Lüdicke in Braunschweig. 2 Bände. Nr. 340, 341.

Textil-Industrie I: Spinnerei und Zwirnerei von Prof. Max Gürtler, Geh. Regierungsrat im Kgl. Landesgewerbeamt zu Berlin. Mit 39 Fig. Nr. 184.

— **II:** Weberei, Wirkerei, Posamentiererei, Spitzen- und Gardinenfabrikation und Filzfabrikation von Professor Max Gürtler, Geh. Regierungsrat im Königl. Landesgewerbeamt zu Berlin. Mit 29 Figuren. Nr. 185.

— **III:** Wäscherei, Bleicherei, Färberei u. ihre Hilfsstoffe von Dr. Wilh. Massot, Lehrer an der Preuß. höheren Fachschule für Textil-Industrie in Krefeld. Mit 28 Figuren. Nr. 186.

Die Materialien des Maschinenbaues und der Elektrotechnik von Ingenieur Prof. Herm. Wilda in Bremen. Mit 3 Abbildungen. Nr. 476.

Das Holz. Aufbau, Eigenschaften und Verwendung von Prof. Herm. Wilda in Bremen. Mit 33 Abbild. Nr. 459.

Das autogene Schweiß- u. Schneidverfahren von Ingenieur Hans Niese in Kiel. Mit 30 Figuren. Nr. 499.

Bibliothek der Ingenieurwissenschaften.

Das Rechnen in der Technik und seine Hilfsmittel (Rechenschieber, Rechentafeln, Rechenmaschinen usw.) von Ingenieur Joh. Eugen Mayer in Karlsruhe i. B. Mit 30 Abbild. Nr. 405.

Materialprüfungswesen. Einführung in die moderne Technik der Materialprüfung von K. Memmler, Diplom-Ingenieur, ständ. Mitarbeiter am Kgl. Materialprüfungsamte zu Groß-Lichterfelde. **I:** Materialeigenschaften. — Festigkeitsversuche. — Hilfsmittel für Festigkeitsversuche. Mit 58 Figuren. Nr. 311.

— **II:** Metallprüfung und Prüfung von Hilfsmaterialien des Maschinenbaues. — Baumaterialprüfung. — Papierprüfung. — Schmiermittelprüfung. — Einiges über Metallographie. Mit 31 Figuren. Nr. 312.

Metallographie. Kurze, gemeinfaßliche Darstellung der Lehre von den Metallen und ihren Legierungen, unter besonderer Berücksichtigung der Metallmikroskopie von Prof. E. Heyn und Prof. O. Bauer am Kgl. Materialprüfungsamt (Groß-Lichterfelde) der Kgl. Technischen Hochschule zu Berlin. **I:** Allgemeiner Teil. Mit 45 Abbildungen im Text und 5 Lichtbildern auf 3 Tafeln. Nr. 432.

— **II:** Spezieller Teil. Mit 49 Abbildungen im Text und 37 Lichtbildern auf 19 Tafeln. Nr. 433.

Statik von W. Hauber, Dipl.-Ingenieur. **I:** Die Grundlehren der Statik starrer Körper. Mit 82 Figuren. Nr. 178.

— **II:** Angewandte Statik. Mit 61 Figuren. Nr. 179.

Festigkeitslehre von W. Hauber, Dipl.-Ingenieur. Mit 56 Figuren. Nr. 288.

Aufgabensammlung zur Festigkeitslehre mit Lösungen von R. Haren, Diplom-Ingenieur in Mannheim. Mit 42 Figuren. Nr. 491.

Hydraulik von W. Hauber, Diplom-Ingenieur in Stuttgart. Mit 44 Figuren. Nr. 397.

Elastizitätslehre für Ingenieure I: Grundlagen und Allgemeines über Spannungszustände, Zylinder, Ebene Platten, Torsion, Gekrümmte Träger. Von Prof. Dr.-Ing. Max Enßlin an der Königl. Baugewerkschule Stuttgart und Privatdozent an der Techn. Hochschule Stuttgart. Mit 60 Abbild. Nr. 519.

Geometrisches Zeichnen von H. Becker, Architekt und Lehrer an der Baugewerkschule in Magdeburg, neu bearbeitet von Professor J. Vonderlinn in Münster. Mit 290 Figuren und 23 Tafeln im Text. Nr. 58.

Schattenkonstruktionen von Professor J. Vonderlinn in Münster. Mit 114 Figuren. Nr. 236.

Parallelperspektive. Rechtwinklige und schiefwinklige Axonometrie von Professor J. Vonderlinn in Münster. Mit 121 Figuren. Nr. 260.

Zentral-Perspektive von Architekt Hans Freyberger, neu bearbeitet von Professor J. Vonderlinn, Direktor der Königl. Baugewerkschule, Münster i. W. Mit 132 Figuren. Nr. 57.

Technisches Wörterbuch, enthaltend die wichtigsten Ausdrücke des Maschinenbaues, Schiffbaues und der Elektrotechnik von Erich Krebs in Berlin. I. Teil: Deutsch-Englisch. Nr. 395.
— II. Teil: Englisch-Deutsch. Nr. 396.
— III. Teil: Deutsch-Französisch. Nr. 453.
— IV. Teil: Französisch-Deutsch. Nr. 454.

Elektrotechnik. Einführung in die moderne Gleich- und Wechselstromtechnik von J. Herrmann, Professor an der Königl. Technischen Hochschule Stuttgart. I: Die physikalischen Grundlagen. Mit 42 Fig. und 10 Tafeln. Nr. 196.
— II: Die Gleichstromtechnik. Mit 103 Figuren und 16 Tafeln. Nr. 197.
— III: Die Wechselstromtechnik. Mit 126 Figuren und 16 Tafeln Nr. 198.

Die elektrischen Meßinstrumente. Darstell. d. Wirkungsweise d. gebräuchl. Meßinstrum. d. Elekrotechnik u. kurze Beschreib. ihres Aufbaues v. J. Herrmann, Prof. a. d. Kgl. Techn. Hochsch. Stuttgart. Mit 195 Figuren. Nr. 477.

Radioaktivität von Chemiker Wilhelm Frommel. Mit 18 Abbild. Nr. 317.

Die Gleichstrommaschine von C. Kinzbrunner, Ing. u. Doz. f. Elektrotechnik an der Municipal School of Technology in Manchester. Mit 78 Fig. Nr. 257.

Ströme und Spannungen in Starkstromnetzen von Diplom-Elektroing. Josef Herzog in Budapest u. Prof. Feldmann in Delft. Mit 68 Fig. Nr. 456.

Die elektrische Telegraphie von Dr. Ludwig Rellstab. Mit 19 Fig. Nr. 172.

Das Fernsprechwesen von Dr. Ludwig Rellstab in Berlin. Mit 47 Figuren und 1 Tafel. Nr. 155.

Vermessungskunde von Dipl.-Ingen. Oberlehrer P. Werkmeister. 2 Bändchen. Mit 255 Abb. Nr. 468, 469.

Die Baustoffkunde v. Prof. H. Haberstroh, Oberl. a. d. Herzogl. Baugewerkschule Holzminden. M. 36 Abb. Nr. 506.

Maurer- und Steinhauerarbeiten Prof. Dr. phil. und Dr.-Ing. Eduard Schmitt in Darmstadt. 3 Bändchen. Mit vielen Abbild. Nr. 419—421.

Zimmerarbeiten von Carl Opitz, Oberlehrer an der Kais. Technischen Schule in Straßburg i. E. I: Allgemeines, Balkenlagen, Zwischendecken und Deckenbildungen, hölzerne Fußböden, Fachwerkswände, Hänge- und Sprengewerke. Mit 169 Abbildung. Nr. 489.

Zimmerarbeiten. II: Dächer, Wandbekleidungen, Simsschalungen, Block-, Bohlen- und Bretterwände, Zäune, Türen, Tore, Tribünen u. Baugerüste. Mit 167 Abb. Nr. 490.

Tischler- (Schreiner-) Arbeiten I: Materialien, Handwerkszeuge, Maschinen. Einzelverbindungen. Fußböden, Fenster, Fensterladen, Treppen, Aborte von Prof. E. Viehweger, Architekt in Köln. Mit 628 Fig. auf 75 Tafeln. Nr. 502.

Eisenkonstruktionen im Hochbau. Kurzgefaßtes Handbuch mit Beispielen von Ingen. Karl Schindler in Meißen. Mit 115 Figuren. Nr. 322.

Der Eisenbetonbau von Reg.-Baumeister Karl Rößle in Berlin-Steglitz. Mit 77 Abbildungen. Nr. 349.

Heizung und Lüftung von Ingenieur Johannes Körting, Direktor der Akt.-Ges. Gebrüder Körting in Düsseldorf. I: Das Wesen und die Berechnung der Heizungs- und Lüftungsanlagen. Mit 31 Figuren. Nr. 342.
— II: Die Ausführung der Heizungs- und Lüftungsanlagen. Mit 195 Figuren. Nr. 343.

Gas- und Wasserinstallationen mit Einschluß der Abortanlagen von Professor Dr. phil. u. Dr.-Ingenieur Eduard Schmitt in Darmstadt. Mit 119 Abbildungen. Nr. 412.

Das Veranschlagen im Hochbau. Kurzgefaßtes Handbuch über das Wesen des Kostenanschlages von Emil Beutinger, Architekt B.D.A., Assistent an der Technischen Hochschule in Darmstadt. Mit vielen Figuren. Nr. 385.

Bauführung. Kurzgefaßtes Handbuch über das Wesen der Bauführung von Architekt Emil Beutinger, Assistent an der Technischen Hochschule in Darmstadt. Mit 25 Fig. u. 11 Tabellen. Nr. 399.

Die Baukunst des Schulhauses von Professor Dr.-Ingenieur Ernst Vetterlein in Darmstadt. I: Das Schulhaus. Mit 38 Abbildungen. Nr. 443.
— II: Die Schulräume. — Die Nebenanlagen. Mit 31 Abbildungen. Nr. 444.

Öffentliche Bade- und Schwimmanstalten von Dr. Karl Wolff, Stadt-Oberbaurat in Hannover. Mit 50 Figuren. Nr. 380.

Gasthäuser und Hotels von Architekt Max Wöhler in Düsseldorf. I: Die Bestandteile und die Einrichtung des Gasthauses. Mit 70 Figuren. Nr. 525.
— II: Die verschiedenen Arten von Gasthäusern. Mit 82 Figuren. Nr. 526.

Wasserversorgung der Ortschaften von Dr.-Ingenieur Robert Weyrauch, Professor an der Technischen Hochschule Stuttgart. Mit 85 Figuren. Nr. 5.

Die Kalkulation im Maschinenbau von Ingenieur H. Bethmann, Dozent am Technikum Altenburg. Mit 61 Abbildungen. Nr. 486.

Die Maschinenelemente. Kurzgefaßtes Lehrbuch mit Beispielen für das Selbststudium und den praktischen Gebrauch von Friedrich Barth, Obering. in Nürnberg. Mit 86 Figuren. Nr. 3.

Metallurgie von Dr. Aug. Geitz, diplomierter Chemiker in München. I. II. Mit 21 Figuren. Nr. 313, 314.

Eisenhüttenkunde von A. Krauß, dipl. Hüttening. I: Das Roheisen. Mit 17 Figuren und 4 Tafeln. Nr. 152.
— II: Das Schmiedeisen. Mit 25 Figuren und 5 Tafeln. Nr. 153.

Lötrohrprobierkunde. Qualitative Analyse mit Hilfe des Lötrohrs von Dr. Martin Henglein in Freiberg. Mit 10 Figuren. Nr. 483.

Technische Wärmelehre (Thermodynamik) von K. Walther und M. Röttinger, Diplom-Ingenieuren. Mit 54 Figuren. Nr. 242.

Die thermodynamischen Grundlagen der Wärmekraft- und Kältemaschinen von M. Röttinger, Diplom-Ingenieur in Mannheim. Mit 73 Figuren. Nr. 2.

Die Dampfmaschine. Kurzgefaßtes Lehrbuch mit Beispielen für das Selbststudium und den praktischen Gebrauch von Friedrich Barth, Oberingenieur, Nürnberg. Mit 48 Figuren. Nr. 8.

Die Dampfkessel. Kurzgefaßtes Lehrbuch mit Beispielen für das Selbststudium und den praktischen Gebrauch von Oberingenieur Friedrich Barth in Nürnberg. Zweite, verbesserte u. vermehrte Auflage. I: Kesselsysteme und Feuerungen. Mit 43 Figuren. Nr. 9.
— II: Bau und Betrieb der Dampfkessel. Mit 57 Figuren. Nr. 521.

Gaskraftmaschinen. Kurzgefaßte Darstellung der wichtigsten Gasmaschinen-Bauarten von Ingenieur Alfred Kirschke in Halle a. S. Mit 55 Figuren. Nr. 316.

Die Dampfturbinen, ihre Wirkungsweise und Konstruktion von Ing. Herm. Wilda, Prof. am staatl. Technikum in Bremen. Mit 104 Abbild. Nr. 274.

Die zweckmäßigste Betriebskraft von Friedrich Barth, Oberingenieur in Nürnberg. I: Einleitung. Dampfkraftanlagen. Verschiedene Kraftmaschinen. Mit 27 Abbildungen. Nr. 224.
— II: Gas-, Wasser- und Windkraftanlagen. Mit 31 Abbildungen. Nr. 225.
— III: Elektromotoren. Betriebskostentabellen. Graphische Darstellungen. Wahl der Betriebskraft. Mit 27 Abbildungen. Nr. 474.

Hochbauten der Bahnhöfe von Eisenbahnbauinspektor C. Schwab, Vorstand d. Kgl. E.-Hochbausektion Stuttgart II. I: Empfangsgebäude. Nebengebäude. Güterschuppen. Lokomotivschuppen. Mit 91 Abbildungen. Nr. 515.

Eisenbahnfahrzeuge von H. Hinnenthal, Kgl. Regierungsbaumeister und Oberingenieur in Hannover. I: Die Lokomotiven. Mit 89 Abbildungen im Text und 2 Tafeln. Nr. 107.
— II: Die Eisenbahnwagen und Bremsen. Mit 56 Abb. im Text u. 3 Taf. Nr. 108.

Schmalspurbahnen (Klein-, Arbeits- und Feldbahnen) v. Dipl.-Ing. August Boshart in Charlottenburg. Mit 99 Abbildungen. Nr. 524.

Die Hebezeuge, ihre Konstruktion und Berechnung von Ingenieur Hermann Wilda, Prof. am staatl. Technikum in Bremen. Mit 399 Abb. Nr. 414.

Pumpen, hydraulische und pneumatische Anlagen. Ein kurzer Überblick von Regierungsbaumeister Rudolf Vogdt, Oberlehrer an der Königl. höheren Maschinenbauschule in Posen. Mit 59 Abbildungen. Nr. 290.

Die landwirtschaftlichen Maschinen von Karl Walther, Diplom-Ingenieur in Essen. 3 Bändchen. Mit vielen Abbildungen. Nr. 407—409.

Die Preßluftwerkzeuge von Diplom-Ingenieur P. Iltis, Oberlehrer an der Kaiserl. Technischen Schule in Straßburg. Mit 82 Figuren. Nr. 493.

Nautik. Kurzer Abriß des täglich an Bord von Handelsschiffen angewandten Teils der Schiffahrtskunde. Von Dr. Franz Schulze, Direktor der Navigationssch., Lübeck. Mit 56 Abb. Nr. 84.

Bibliothek der Rechts- und Staatswissenschaften.

Allgemeine Rechtslehre von Dr. Th. Sternberg, Privatdoz. an d. Universität Lausanne. **I:** Die Methode. Nr. 169.
— **II:** Das System. Nr. 170.

Recht d. Bürgerlichen Gesetzbuches. Erstes Buch: Allgemeiner Teil. **I:** Einleitung — Lehre von den Personen und von den Sachen von Dr. Paul Oertmann, Professor an der Universität Erlangen. Nr. 447.
— — **II:** Erwerb und Verlust, Geltendmachung und Schutz der Rechte von Dr. Paul Oertmann, Professor an der Universität Erlangen. Nr. 448.
— **Zweites Buch:** Schuldrecht. I. Abteilung: Allgemeine Lehren von Dr. Paul Oertmann, Professor an der Universität Erlangen. Nr. 323.
— — II. Abteil.: Die einzelnen Schuldverhältnisse von Dr. Paul Oertmann, Prof. a. d. Univ. Erlangen. Nr. 324.
— **Drittes Buch:** Sachenrecht von Dr. F. Kretzschmar, Oberlandesgerichtsrat in Dresden. **I:** Allgemeine Lehren. Besitz und Eigentum. Nr. 480.
— — **II:** Begrenzte Rechte. Nr. 481.
— **Viertes Buch:** Familienrecht von Dr. Heinrich Titze, Professor an der Universität Göttingen. Nr. 305.

Deutsches Handelsrecht von Professor Dr. Karl Lehmann in Rostock. 2 Bändchen. Nr. 457 und 458.

Das deutsche Seerecht von Dr. Otto Brandis, Oberlandesgerichtsrat in Hamburg. 2 Bände. Nr. 386, 387.

Postrecht von Dr. Alfred Wolcke Postinspektor in Bonn. Nr. 425.

Telegraphenrecht von Postinspektor Dr. jur. Alfred Wolcke in Bonn. **I:** Einleitung. Geschichtliche Entwicklung. Die Stellung des deutschen Telegraphenwesens im öffentlichen Rechte, allgemeiner Teil. Nr. 509.

Telegraphenrecht. II: Die Stellung d. deutsch. Telegraphenwesens im öffentl. Rechte, besond. Teil. Das Telegraphen-Strafrecht. Rechtsverhältnis der Telegraphie zum Publikum. Nr. 510.

Allgemeine Staatslehre von Dr. Hermann Rehm, Prof. an d. Universität Straßburg i. E. Nr. 358.

Allgemeines Staatsrecht von Dr. Julius Hatschek, Prof. an der Univer. Göttingen. 3 Bändch. Nr. 415—417.

Preußisches Staatsrecht von Dr. Fritz Stier-Somlo, Professor an der Univ. Bonn. 2 Teile. Nr. 298, 299.

Deutsches Zivilprozeßrecht v. Prof. Dr. Wilhelm Kisch in Straßburg i. E. 3 Bände. Nr. 428—430.

Die Zwangsversteigerung und die Zwangsverwaltung von Dr. F. Kretzschmar, Oberlandesgerichtsrat in Dresden. Nr. 523.

Kirchenrecht v. Dr. Emil Sehling, ord. Prof. d. Rechte in Erlangen. Nr. 377.

Das deutsche Urheberrecht an literarischen, künstlerischen und gewerblichen Schöpfungen, mit besonderer Berücksichtigung der internationalen Verträge von Dr. Gustav Rauter, Patentanwalt in Charlottenburg. Nr. 263.

Der internationale gewerbl. Rechtsschutz von J. Neuberg, Kaiserl. Regierungsrat, Mitglied des Kaiserl. Patentamts zu Berlin. Nr. 271.

Das Urheberrecht an Werken der Literatur und der Tonkunst, das Verlagsrecht und das Urheberrecht an Werken der bildenden Künste und der Photographie von Staatsanwalt Dr. J. Schlittgen in Chemnitz. Nr. 361.

Das Warenzeichenrecht. Nach dem Gesetz zum Schutz der Warenbezeichnungen vom 12. Mai 1894 von J. Neuberg, Kaiserl. Regierungsrat, Mitglied des Kaiserlich. Patentamtes zu Berlin. Nr. 360.

Der unlautere Wettbewerb v. Rechtsanwalt Dr. Martin Wassermann in Hamburg. **I:** Generalklausel, Reklameauswüchse, Ausverkaufswesen, Angestelltenbestechung. Nr. 339.
— **II:** Kreditschädigung, Firmen- und Namenmißbrauch, Verrat von Geheimnissen, Ausländerschutz. Nr. 535.

Deutsches Kolonialrecht von Dr. H. Edler v. Hoffmann, Professor an der Kgl. Akademie Posen. Nr. 318.

Militärstrafrecht von Dr. Max Ernst Mayer, Prof. an der Universität Straßburg i. E. 2 Bände. Nr. 371, 372.

Das Disziplinar- und Beschwerderecht für Heer und Marine von Dr. Max Ernst Mayer, Prof. an der Universität Straßburg i. E. Nr. 517.

Deutsche Wehrverfassung v. Kriegsgerichtsr. Karl Endres, Würzburg. Nr. 401.

Forensische Psychiatrie von Professor Dr. W. Weygandt, Direktor der Irrenanstalt Friedrichsberg in Hamburg. 2 Bändchen. Nr. 410 und 411.

Volkswirtschaftliche Bibliothek.

Volkswirtschaftslehre von Dr. Carl Johs. Fuchs, Professor an d. Univers. Tübingen. Nr. 133.

Volkswirtschaftspolitik von Präsident Dr. R. v. d. Borght, Berlin. Nr. 177.

Geschichte der deutschen Eisenbahnpolitik v. Betriebsinspektor Dr. Edwin Kech in Karlsruhe i. B. Nr. 533.

Gewerbewesen v. Dr. Werner Sombart, Professor an der Handelshochschule in Berlin. 2 Bände. Nr. 203, 204.

Das Handelswesen von Dr. Wilh. Lexis, Professor an der Universität Göttingen. I: Das Handelspersonal und der Warenhandel. Nr. 296.

— II: Die Effektenbörse und die innere Handelspolitik. Nr. 297.

Kartell und Trust v. Dr. S. Tschierschky in Düsseldorf. Nr. 522.

Auswärtige Handelspolitik von Dr. Heinrich Sieveking, Professor an der Universität Zürich. Nr. 245.

Das Versicherungswesen von Dr. jur. Paul Moldenhauer, Professor der Versicherungswissenschaft an der Handelshochschule Köln. I: Allgemeine Versicherungslehre. Nr. 262.

Versicherungsmathematik von Dr. Alfred Loewy, Professor an der Universität Freiburg i. B. Nr. 180.

Die gewerbliche Arbeiterfrage von Dr. Werner Sombart, Professor an der Handelshochschule Berlin. Nr. 209.

Die Arbeiterversicherung v. Prof. Dr. Alfred Manes in Berlin. Nr. 267.

Finanzwissenschaft von Präsident Dr. R. van der Borght, Berlin. I. Allgemeiner Teil. Nr. 148.

— II. Besonderer Teil (Steuerlehre). Nr. 391.

Die Steuersysteme des Auslandes von Geh. Oberfinanzrat O. Schwarz in Berlin. Nr. 426.

Die Entwicklung der Reichsfinanzen von Präsident Dr. R. van der Borght in Berlin. Nr. 427.

Die Finanzsysteme der Großmächte. (Internat. Staats- u. Gemeinde-Finanzwesen.) Von O. Schwarz, Geh. Oberfinanzrat, Berlin. 2 Bdch. Nr. 450, 451.

Kommunale Wirtschaftspflege von Dr. Alfons Rieß, Magistratsassessor in Berlin. Nr. 534.

Soziologie von Professor Dr. Thomas Achelis in Bremen. Nr. 101.

Die Entwicklung der sozialen Frage von Professor Dr. Ferd. Tönnies in Eutin. Nr. 353.

Armenwesen und Armenfürsorge. Einführung in die soziale Hilfsarbeit von Dr. Adolf Weber, Professor an der Handelshochschule in Köln. Nr. 346.

Die Wohnungsfrage v. Dr. L. Pohle, Professor der Staatswissenschaften zu Frankfurt a. M. I: Das Wohnungswesen in der modernen Stadt. Nr. 495.

— II: Die städtische Wohnungs- und Bodenpolitik. Nr. 496.

Das Genossenschaftswesen in Deutschland von Dr. Otto Lindecke, Sekretär des Hauptverbandes deutscher gewerblicher Genossenschaften. Nr. 384.

Theologische und religionswissenschaftliche Bibliothek.

Die Entstehung des Alten Testaments von Lic. Dr. W. Staerk, Professor an der Universität in Jena. Nr. 277.

Alttestamentl. Religionsgeschichte von D. Dr. Max Löhr, Professor an der Universität Breslau. Nr. 292.

Geschichte Israels bis auf die griechische Zeit von Lic. Dr. J. Benzinger. Nr. 285.

Landes- u. Volkskunde Palästinas von Lic. Dr. Gustav Hölscher in Halle. Mit 8 Vollbildern u. 1 Karte. Nr. 345.

Die Entstehung d. Neuen Testaments von Professor Lic. Dr. Carl Clemen in Bonn. Nr. 285.

Die Entwicklung der christlichen Religion innerhalb des neuen Testaments von Professor Lic. Dr. Carl Clemen in Bonn. Nr. 388.

Neutestamentliche Zeitgeschichte von Lic. Dr. W. Staerk, Professor an der Universität in Jena. I: Der historische und kulturgeschichtliche Hintergrund des Urchristentums. Nr. 325.

— II: Die Religion des Judentums im Zeitalter des Hellenismus und der Römerherrschaft. Nr. 326.

Die Entstehung des Talmuds von Dr. S. Funk in Boskowitz. Nr. 479.

Abriß der vergleichenden Religionswissenschaft von Professor Dr. Th. Achelis in Bremen. Nr. 208.

Die Religionen der Naturvölker im Umriß von Professor Dr. Th. Achelis in Bremen. Nr. 449.

Indische Religionsgeschichte von Prof. Dr. Edmund Hardy. Nr. 83.

Buddha von Professor Dr. Edmund Hardy. Nr. 174.

Griechische und römische Mythologie von Dr. Hermann Steuding, Rektor des Gymnasiums in Schneeberg. Nr. 27.

Germanische Mythologie von Dr. E. Mogk, Prof. a. d. Univ. Leipzig. Nr. 15.

Die deutsche Heldensage von Dr. Oto Luitpold Jiriczek, Professor an der Universität Würzburg. Nr. 32.

Pädagogische Bibliothek.

Pädagogik im Grundriß von Professor Dr. W. Rein, Direktor d. Pädagogischen Seminars a. d. Universität Jena. Nr. 12.

Geschichte der Pädagogik von Oberl. Dr. H. Weimer, Wiesbaden. Nr. 145.

Schulpraxis. Methodik der Volksschule von Dr. R. Seyfert, Seminardirektor in Zschopau. Nr. 50.

Zeichenschule von Prof. K. Kimmich, Ulm. Mit 18 Tafeln in Ton-, Farben- u. Golddruck u. 200 Voll- u. Textbildern. Nr. 39.

Bewegungsspiele v. Dr. E. Kohlrausch, Professor am Kgl. Kaiser Wilhelms-Gymnasium zu Hannover. Mit 14 Abbildungen. Nr. 96.

Geschichte der Turnkunst von Dr. Rudolf Gasch, Prof. a. König Georg-Gymnas. Dresden. M. 17 Abb. Nr. 504.

Geschichte des deutschen Unterrichtswesens v. Prof. Dr. Friedrich Seiler, Direktor des Königl. Gymnasiums zu Luckau. I: Von Anfang an bis zum Ende des 18. Jahrhunderts. Nr. 275.

— II: Vom Beginn des 19. Jahrhunderts bis auf die Gegenwart. Nr. 276.

Das deutsche Fortbildungsschulwesen nach seiner geschichtlichen Entwicklung und in seiner gegenwärtigen Gestalt v. H. Siercks, Direktor der städt. Fortbildungsschulen Heide, Holstein. Nr. 392.

Die deutsche Schule im Auslande von Hans Amrhein, Direktor d. deutschen Schule in Lüttich. Nr. 259.

Bibliothek der Kunst.

Stilkunde von Prof. Karl Otto Hartmann in Stuttgart. Mit 7 Vollbildern und 195 Textillustrationen. Nr. 80.

Baukunst des Abendlandes von Dr. K. Schäfer, Assistent am Gewerbemuseum Bremen. Mit 22 Abbildungen. Nr. 74.

Die Plastik des Abendlandes von Dr. Hans Stegmann, Direktor des Bayr. Nationalmuseums in München. Mit 23 Tafeln. Nr. 166.

Die Plastik seit Beginn des 19. Jahrhunderts von A. Heilmeyer, München. Mit 42 Vollbildern auf amerikanischem Kunstdruckpapier. Nr. 321.

Die graphischen Künste von Carl Kampmann, k. k. Lehrer an der k. k. Graphischen Lehr- und Versuchsanstalt in Wien. Mit zahlreichen Abbildungen und Beilagen. Nr. 75.

Die Photographie von H. Keßler, Prof. an der k. k. Graphischen Lehr- und Versuchsanstalt in Wien. Mit 4 Tafeln und 52 Abbildungen. Nr. 94.

Bibliothek der Musik.

Allgemeine Musiklehre von Professor Stephan Krehl in Leipzig. Nr. 220.

Musikalische Akustik von Dr. Karl L. Schäfer, Dozent an der Universität Berlin. Mit 35 Abbildungen Nr. 21.

Harmonielehre von A. Halm. Mit vielen Notenbeilagen. Nr. 120.

Musikalische Formenlehre (Kompositionslehre) v. Stephan Krehl. I. II. Mit vielen Notenbeispielen. Nr. 149, 150.

Kontrapunkt. Die Lehre von der selbstständigen Stimmführung von Professor Stephan Krehl in Leipzig. Nr. 390.

Fuge. Erläuterung und Anleitung zur Komposition derselben von Professor Stephan Krehl in Leipzig. Nr. 418.

Instrumentenlehre von Musikdirektor Franz Mayerhoff in Chemnitz. I: Text. II: Notenbeispiele. Nr. 437. 438.

Musikästhetik von Dr. K. Grunsky in Stuttgart. Nr. 344.

Geschichte der alten und mittelalterlichen Musik von Dr. A. Möhler. Mit zahlreichen Abbildungen u. Musikbeilagen. I. II. Nr. 121, 347.

Musikgeschichte des 18. u. 19. Jahrhunderts von Dr. K. Grunsky in Stuttgart. Nr. 239.

— **seit Beginn des 19. Jahrhunderts** von Dr. K. Grunsky in Stuttgart. I. II. Nr. 164, 165.

Bibliothek der Land- und Forstwissenschaft.

Bodenkunde von Dr. P. Vageler in in Königsberg in Preußen. Nr. 455.

Ackerbau- und Pflanzenbaulehre von Dr. Paul Rippert in Berlin und Ernst Langenbeck in Bochum. Nr. 232.

Landwirtschaftliche Betriebslehre v. Ernst Langenbeck, Bochum. Nr. 227.

Allgem. und spezielle Tierzuchtlehre von Dr. Paul Rippert. Berlin. Nr. 228.

Agrikulturchemie I: Pflanzenernährung von Dr. Karl Grauer. Nr. 329.

Das agrikulturchemische Kontrollwesen von Dr. Paul Krische in Göttingen. Nr. 304.

Fischerei und Fischzucht von Dr. Karl Eckstein, Prof. an der Forstakademie Eberswalde, Abteilungsdirigent bei der Hauptstation des forstlichen Versuchswesens. Nr. 159.

Forstwissenschaft v. Dr. Ad. Schwappach, Prof. a. d. Forstakademie Eberswalde, Abteilungsdirigent bei der Hauptstation d. forstlichen Versuchswesens. Nr. 106.

Die Nadelhölzer von Prof. Dr. F. W. Neger in Tharandt. Mit 85 Abbildungen, 5 Tabellen u. 3 Karten. Nr. 355.

Handelswissenschaftliche Bibliothek.

Buchführung in einfachen und doppelten Posten von Professor Robert Stern, Oberlehrer d. Öffentlichen Handelslehranstalt und Dozent der Handelshochschule zu Leipzig. Mit Formularen. Nr. 115.

Deutsche Handelskorrespondenz von Professor Th. de Beaux, Officier de l'Instruction Publique, Oberlehrer a. D. an der Öffentlichen Handelslehranstalt und Lektor an der Handelshochschule zu Leipzig. Nr. 182.

Französische Handelskorrespondenz von Professor Th. de Beaux, Officier de l'Instruction Publique, Oberlehrer a. D. an der Öffentlichen Handelslehranstalt und Lektor an der Handelshochschule zu Leipzig. Nr. 183.

Englische Handelskorrespondenz v. E. E. Whitfield, M.-A., Oberlehrer an King Edward VII Grammar School in King's Lynn. Nr. 237.

Italienische Handelskorrespondenz von Professor Alberto de Beaux, Oberlehrer am Königlichen Institut SS. Annunziata zu Florenz. Nr. 219.

Spanische Handelskorrespondenz von Dr. Alfredo Nadal de Mariezcurrena. Nr. 295.

Russische Handelskorrespondenz v. Dr. Th. v. Kawraysky, Leipzig. Nr. 315.

Kaufmännisches Rechnen von Prof. Richard Just, Oberlehrer a. d. Öffentlichen Handelslehranstalt der Dresdener Kaufmannschaft. 3 Bde. Nr. 139, 140, 187.

Warenkunde von Dr. Karl Hassak, Professor an der Wiener Handelsakademie. I: Unorganische Waren. Mit 40 Abbildungen. Nr. 222.

— II: Organische Waren. Mit 36 Abbildungen. Br. 223.

Drogenkunde v. Rich. Dorstewitz, Leipzig u. Georg Ottersbach. Hamburg. Nr. 413.

Maß-, Münz- und Gewichtswesen von Dr. Aug. Blind, Professor an der Handelsschule in Köln. Nr. 283.

Technik des Bankwesens von Dr. Walter Conrad in Berlin. Nr. 484.

Das Wechselwesen von Rechtsanwalt Dr. Rudolf Mothes, Leipzig. Nr. 103.

☞ Siehe auch „Volkswirtschaftliche Bibliothek". Ein ausführliches Verzeichnis der außerdem im Verlage der G. J. Göschen'schen Verlagshandlung erschienenen handelswissenschaftlichen Werke kann durch jede Buchhandlung kostenfrei bezogen werden.

Militär- und marinewissenschaftliche Bibliothek.

Das moderne Feldgeschütz von Oberstleutnant W. Heydenreich, Militärlehrer a. d. Militärtechn. Akademie, Berlin. **I:** Die Entwicklung des Feldgeschützes seit Einführung des gezogenen Infanteriegewehrs bis einschließlich der Erfindung des rauchlosen Pulvers, etwa 1850-1890. Mit 1 Abb. Nr. 306.

— **II:** Die Entwicklung des heutigen Feldgeschützes auf Grund der Erfindung des rauchlosen Pulvers, etwa 1890 bis zur Gegenwart. Mit 11 Abb. Nr. 307.

Die modernen Geschütze der Fußartillerie von Mummenhoff, Major beim Stabe des Fußartillerie-Regiments Generalfeldzeugmeister (Brandenburg. Nr. 3). **I:** Vom Auftreten der gezogenen Geschütze bis zur Verwendung des rauchschwachen Pulvers 1850-1890. Mit 50 Textbildern. Nr. 334.

— **II:** Die Entwicklung der heutigen Geschütze der Fußartillerie seit Einführung des rauchschwachen Pulvers 1890 bis zur Gegenwart. Mit 33 Textbild. Nr. 362.

Die Entwicklung der Handfeuerwaffen seit der Mitte des 19. Jahrhunderts und ihr heutiger Stand von G. Wrzodek, Oberleutnant im Inf.-Regt. Freiherr Hiller von Gärtringen (4. Pos.) Nr. 59 u. Assist. der Kgl. Gewehrprüfungskom. M. 21 Abb. Nr. 366.

Die Entwicklung der Gebirgsartillerie von Klußmann, Oberst und Kommandeur der 1. Feldartillerie-Brigade in Königsberg i. Pr. Mit 78 Bildern und 5 Übersichtstafeln. Nr. 531.

Geschichte d. gesamten Feuerwaffen bis 1850. Die Entwicklung der Feuerwaffen von ihrem ersten Auftreten bis zur Einführung der gezogenen Hinterlader, unter besonderer Berücksichtigung der Heeresbewaffnung v. Hauptmann a. D. W. Gohlke, Steglitz-Berlin. Mit 105 Abbildungen. Nr. 530.

Strategie von Löffler, Major im Kgl. Sächs. Kriegsmin. in Dresden. Nr. 505.

Das Armeepferd und die Versorgung der modernen Heere mit Pferden von Felix von Damnitz, General der Kavallerie z. D. und ehemal. Preuß. Remonteinspekteur. Nr. 514.

Militärstrafrecht von Dr. Max Ernst Mayer, Prof. a. d. Universität Straßburg i. E. 2 Bände. Nr. 371, 372.

Das Disziplinar- und Beschwerderecht für Heer und Marine von Dr. Max Ernst Mayer, Prof. an der Universität Straßburg i. E. Nr. 517.

Deutsche Wehrverfassung von Karl Endres, Kriegsgerichtsrat b. d. Generalkommando des Kgl. bayr. II. Armeekorps in Würzburg. Nr. 401.

Geschichte des Kriegswesens von Dr. Emil Daniels in Berlin. **I:** Das antike Kriegswesen. Nr. 488.

— **II:** Das mittelalt. Kriegswesen. Nr. 498.

— **III:** Das Kriegswesen der Neuzeit. Erster Teil. Nr. 518.

Die Entwicklung des Kriegsschiffbaues vom Altertum bis zur Neuzeit. I. Teil: Das Zeitalter der Ruderschiffe und der Segelschiffe für die Kriegsführung zur See vom Altertum bis 1840. Von Tjard Schwarz, Geh. Marinebaurat und Schiffbau-Direktor. Mit 32 Abbildungen. Nr. 471.

Die Seemacht in der deutschen Geschichte von Wirkl. Admiralitätsrat Dr. Ernst von Halle, Professor an der Universität Berlin. Nr. 370.

Verschiedenes.

Bibliotheks- und Zeitungswesen.

Volksbibliotheken (Bücher- und Lesehallen), ihre Einrichtung u. Verwaltung von Emil Jäschke, Stadtbibliothekar in Elberfeld. Nr. 332.

Das deutsche Zeitungswesen von Dr. Robert Brunhuber. Nr. 400.

Das moderne Zeitungswesen (System der Zeitungslehre) von Dr. Robert Brunhuber. Nr. 320.

Allgemeine Geschichte d. Zeitungswesens von Dr. Ludwig Salomon in Jena. Nr. 351.

Hygiene, Medizin und Pharmazie.

Bewegungsspiele von Dr. E. Kohlrausch, Professor am Kgl. Kaiser Wilhelms-Gymnasium zu Hannover. Mit 15 Abbildungen. Nr. 96.

Der menschliche Körper, sein Bau und seine Tätigkeiten von E. Rebmann, Oberschulrat in Karlsruhe. Mit Gesundheitslehre v. Dr. med. H. Seiler. Mit 47 Abbild. u. 1 Tafel. Nr. 18.

Ernährung und Nahrungsmittel von Oberstabsarzt Professor Dr. Bischoff in Berlin. Mit 4 Figuren. Nr. 464.

Die Infektionskrankheiten und ihre Verhütung von Stabsarzt Dr. W. Hoffmann in Berlin. Mit 12 vom Verfasser gezeichneten Abbildungen und einer Fiebertafel. Nr. 327.

Tropenhygiene von Med.-Rat Prof. Dr. Nocht, Direktor des Instituts für Schiffs- und Tropenkrankheiten in Hamburg. Nr. 369.

Die Hygiene des Städtebaus von H. Chr. Nußbaum, Professor an der Techn. Hochschule in Hannover. Mit 30 Abbildungen. Nr. 348.

Die Hygiene des Wohnungswesens von H. Chr. Nußbaum, Professor an der Techn. Hochschule in Hannover. Mit 20 Abbildungen. Nr. 363.

Gewerbehygiene von Geh. Medizinalrat Dr. Roth in Potsdam. Nr. 350.

Pharmakognosie. Von Apotheker F. Schmitthenner, Assistent am Botanischen Institut der Technischen Hochschule in Karlsruhe. Nr. 251.

Toxikologische Chemie von Privatdozent Dr. E. Mannheim in Bonn. Mit 6 Abbildungen. Nr. 465.

Drogenkunde v. Rich. Dorstewitz, Leipzig u. Georg Ottersbach, Hamburg. Nr. 413.

Photographie.

Die Photographie. Von H. Keßler, Prof. an der k. k. Graphischen Lehr- und Versuchsanstalt in Wien. Mit 4 Tafeln u. 52 Abbildungen. Nr. 94.

Stenographie.

Stenographie nach dem System von F. X. Gabelsberger von Dr. Albert Schramm, Landesamtsassessor in Dresden. Nr. 246.

Die Redeschrift des Gabelsbergerschen Systems v. Dr. Albert Schramm, Landesamtsassessor, Dresden. Nr. 368.

Lehrbuch der Vereinfachten Stenographie (Einig.-System Stolze-Schrey) nebst Schlüssel, Lesestücken und einem Anhang von Dr. Amsel, Studienrat des Kadettenkorps in Bensberg. Nr. 86.

Redeschrift. Lehrbuch der Redeschrift des Systems Stolze-Schrey nebst Kürzungsbeispielen, Lesestücken, Schlüssel und einer Anleitung zur Steigerung der stenographischen Fertigkeit von Heinrich Dröse, amtl. bad. Landtagsstenograph in Karlsruhe i. B. Nr. 494.

Geschichte der Stenographie von Dr. Arthur Mentz in Königsberg i. Pr. Nr. 501.

☞ Weitere Bände sind in Vorbereitung. Neueste Verzeichnisse sind jederzeit unberechnet durch jede Buchhandlung zu beziehen. ☜

FSC
www.fsc.org
MIX
Papier | Fördert
gute Waldnutzung
FSC® C083411

Kolibri 360 GmbH
Ferdinand-Jühlke-Straße 7
99095 Erfurt, Deutschland
produktsicherheit@kolibri360.de